JN013295

この印刷物は、
植物性大豆油インキを使用しています。

国土交通省大臣官房官庁営繕部監修

公共建築改修工事標準仕様書
（機械設備工事編）

令和4年版

一般財団法人 建築保全センター

公共建築改修工事標準仕様書（機械設備工事編）令和4年版発刊にあたって

　「官庁営繕関係基準類等の統一化に関する関係省庁連絡会議」において、建築物の品質・性能等の確保、設計図書作成の省力化及び施工の合理化を目的として、「公共建築改修工事標準仕様書（機械設備工事編）」（以下、「改修標準仕様書」という。）が3年ごとに改定されており、この度、令和4年3月に、令和4年版が制定されました。

　それに伴い、当センターでは、改修標準仕様書を、利用者が見やすいように編集を行うとともに、巻末には利用者の利便を図って、参考資料を付けたものを作成し、国土交通省大臣官房官庁営繕部の監修を受けて、発刊致しました。

　なお、改修標準仕様書は、平成15年3月に、各省庁の「統一基準」として決定されており、平成15年度からは、各省庁等の営繕工事に適用されています。

　本書が、改修標準仕様書を適用する機械設備改修工事の発注者、設計者及び工事監理者並びに受注者等の方々に、幅広く活用されることを願うものであります。

　令和4年5月

一般財団法人　建築保全センター

理事長　奥田　修一

公共建築改修工事標準仕様書について

1. 目的・概要

　公共建築改修工事標準仕様書（以下「改修標準仕様書」という。）は、公共工事標準請負契約約款に準拠した契約書により発注される公共建築工事において使用する材料（機材）、工法等について標準的な仕様を取りまとめたものであり、当該工事の設計図書に適用する旨を記載することで請負契約における契約図書の一つとして適用されるものです。改修標準仕様書の適用により、建築物の品質及び性能の確保、設計図書作成の効率化並びに施工の合理化を図ることを目的としています。

　また、改修標準仕様書は、各府省庁が官庁営繕事業を実施するための「統一基準」として位置づけられており、その改定周期は3年となっています。

2. 適用範囲等

　改修標準仕様書は、主に一般的な事務庁舎の模様替及び修繕に係る公共建築工事への適用を想定して作成されています。

3. 記載している材料（機材）・工法等

　全国で実施される公共建築工事において建築物に必要な品質及び性能を確保するため、改修標準仕様書に記載している材料（機材）、工法等については、主に次の内容を考慮しています。

・規格が統一化又は標準化されていること。
・信頼性及び耐久性を有し、安全性及び環境保全性が確保されていること。
・地域的に偏在したものでなく、全国的な市場性があること。
・特許等に関連するもの又は特定の企業等に限定されるものではないこと。
・適切な実績があること。

---

4. 適用に当たっての留意事項

　発注者及び設計者は、対象とする建築物の用途や規模等に応じて、適切な材料（機材）、工法等を選定し、設計図書に仕様を特記する必要があります。

　なお、改修標準仕様書に記載している材料（機材）、工法等以外のものを採用する場合には、選定した材料（機材）、工法等を設計図書に特記して下さい。

目　　次

第1編　　一般共通事項

第1章　一般事項

第1節　総　　則

1.1.1
適　　用

(1) 公共建築改修工事標準仕様書（機械設備工事編）（以下「改修標準仕様書」という。）は、建築物等の改修及び修繕（以下「改修」という。）に係る機械設備工事に適用する。

(2) 改修標準仕様書に規定されている事項は、別の定めがある場合を除き、受注者の責任において履行する。

(3) 全ての設計図書は、相互に補完する。ただし、設計図書間に相違がある場合の適用の優先順位は、次の(ア)から(オ)までの順番のとおりとし、これにより難い場合は、1.1.8「疑義に対する協議等」による。

(ア) 質問回答書（(イ)から(オ)までに対するもの）
(イ) 現場説明書
(ウ) 特記仕様
(エ) 図面
(オ) 改修標準仕様書

1.1.2
用語の定義

改修標準仕様書の用語の意義は、次による。

(ア) 「監督職員」とは、契約書に基づく監督職員、監督員又は監督官をいう。

(イ) 「受注者等」とは、当該工事請負契約の受注者又は契約書に基づく現場代理人をいう。

(ウ) 「監督職員の承諾」とは、受注者等が監督職員に対し、書面で申し出た事項について、監督職員が書面をもって了解することをいう。

(エ) 「監督職員の指示」とは、監督職員が受注者等に対し、必要な事項を書面によって示すことをいう。

(オ) 「監督職員と協議」とは、監督職員と受注者等とが結論を得るために合議し、その結果を書面に残すことをいう。

(カ) 「監督職員の検査」とは、施工の各段階で、受注者等が確認した施工状況、機器及び材料の試験結果等について、受注者等から提出された品質管理記録に基づき、監督職員が設計図書との適否を判断することをいう。

なお、「品質管理記録」とは、品質管理として実施した項目、

方法等について確認できる資料をいう。

㈔　「監督職員の立会い」とは、監督職員が臨場により、必要な指示、承諾、協議、検査及び調整を行うことをいう。

㈕　「監督職員に報告」とは、受注者等が監督職員に対し、工事の状況又は結果について書面をもって知らせることをいう。

㈖　「監督職員に提出」とは、受注者等が監督職員に対し、工事に関わる書面又はその他の資料を説明し、差し出すことをいう。

㈗　「品質計画」とは、設計図書で要求された品質を満たすために、受注者等が工事における工法等の精度等の目標、品質管理及び体制について具体的に示すことをいう。

㈘　「品質管理」とは、品質計画における目標を施工段階で実現するために行う管理の項目、方法等をいう。

㈙　「特記」とは、1.1.1「適用」(3)の㈎から㈍までに指定された事項をいう。

㈚　「書面」とは、発行年月日及び氏名が記載された文書をいう。

㈛　「工事関係図書」とは、実施工程表、施工計画書、施工図等、工事写真その他これらに類する施工、試験等の報告及び記録に関する図書をいう。

㈜　「施工図等」とは、施工図、製作図、その他これらに類するもので、契約書に基づく工事の施工のための詳細図等をいう。

㈝　「JIS」とは、産業標準化法（昭和24年法律第185号）に基づく日本産業規格をいう。

㈞　「JAS」とは、日本農林規格等に関する法律（昭和25年法律第175号）に基づく日本農林規格をいう。

㈟　「一工程の施工」とは、施工の工程において、同一の材料を用い、同一の施工方法により作業が行われる場合で、監督職員の承諾を受けたものをいう。

㈠　「工事検査」とは、契約書に基づく工事の完成の確認、部分払の請求に係る出来形部分等の確認及び部分引渡しの指定部分に係る工事の完成の確認をするために発注者又は検査職員が行う検査をいう。

㈡　「技術検査」とは、公共工事の品質確保の促進に関する法律（平成17年法律第18号）に基づき、工事中及び完成時の施工状況の確認及び評価をするために、発注者又は検査職員が行う検査をいう。

㈣　「概成工期」とは、建築物等の使用を想定して総合試運転調整を行う上で、契約書に基づく関連工事及び設計図書に明示された他の発注者の発注に係る工事を含めた各工事が支障のない状態にまで完了しているべき期限をいう。

(ニ)　「必要に応じて」とは、これに続く事項について、受注者等が
施工上の措置を判断すべき場合においては、あらかじめ監督職員
の承諾を受けて対処すべきことをいう。

(ヌ)　「原則として」とは、これに続く事項について、受注者等が遵
守すべきことをいうが、あらかじめ監督職員の承諾を受けた場合
又は「ただし書」のある場合は、他の手段によることができるこ
とをいう。

(ネ)　「標準仕様書」とは、公共建築工事標準仕様書（機械設備工事編）
をいう。

(ノ)　「標準図」とは、公共建築設備工事標準図（機械設備工事編）
をいう。

1.1.3
官公署その他へ
の届出手続等

(1)　工事の着手、施工及び完成に当たり、関係法令等に基づく官公署
その他の関係機関への必要な届出手続等を遅滞なく行う。

(2)　(1)に規定する届出手続等を行うに当たり、届出内容について、あ
らかじめ監督職員に報告する。

(3)　関係法令等に基づく官公署その他の関係機関の検査に必要な資機
材、労務等を提供する。

(4)　排煙設備、消火設備等の防災設備の改修を行う場合は、改修期間、
改修範囲、改修内容等を事前に関係官署と協議する。
なお、機能の停止ができない場合は、監督職員と協議する。

1.1.4
工事実績情報シ
ステム(CORINS)
への登録

(1)　工事実績情報システム（CORINS）への登録が特記された場合は、
登録内容について、あらかじめ監督職員の確認を受けた後に、次に
示す期間内に登録機関へ登録申請を行う。ただし、期間には、行政
機関の休日に関する法律（昭和63年法律第91号）に定める行政機
関の休日は含まない。

(ア)　工事受注時　　　　　　契約締結後10日以内

(イ)　登録内容の変更時　　　変更契約締結後10日以内

(ウ)　工事完成時　　　　　　工事完成後10日以内
なお、変更登録は、工期、技術者等の変更が生じた場合に行う。

(2)　登録後は、登録されたことを証明する資料を、監督職員に提出す
る。
なお、変更時と工事完成時の間が10日に満たない場合は、変更
時の登録されたことを証明する資料の提出を省略できる。

1.1.5
書面の書式及び
取扱い

(1) 書面を提出する場合の書式（提出部数を含む。）は、公共建築工事標準書式によるほか、監督職員と協議する。

(2) 改修標準仕様書において書面により行わなければならないこととされている「監督職員の承諾」、「監督職員の指示」、「監督職員と協議」、「監督職員に報告」及び「監督職員に提出」については、電子メール等の情報通信の技術を利用する方法を用いて行うことができる。

(3) 施工体制台帳及び施工体系図の作成等については、建設業法（昭和24年法律第100号）及び公共工事の入札及び契約の適正化の促進に関する法律（平成12年法律第127号）に基づき作成し、写しを監督職員に提出する。

1.1.6
設計図書等の取
扱い

(1) 設計図書及び設計図書において適用される必要な図書を工事現場に備える。

(2) 設計図書及び工事関係図書を、工事の施工の目的以外で第三者に使用又は閲覧させてはならない。また、その内容を漏洩してはならない。ただし、使用又は閲覧について、あらかじめ監督職員の承諾を受けた場合は、この限りでない。

1.1.7
関連工事等の調
整

契約書に基づく関係工事及び設計図書に明示された他の発注者の発注に係る工事（以下「関連工事等」という。）について、監督職員の調整に協力し、当該工事関係者とともに、工事全体の円滑な施工に努める。

1.1.8
疑義に対する協
議等

(1) 設計図書に定められた内容に疑義が生じた場合又は現場の納まり、取合い等の関係で、設計図書によることが困難若しくは不都合な場合が生じた場合は、監督職員と協議する。

(2) (1)の協議を行った結果、設計図書の訂正又は変更を行う場合の措置は、契約書の規定による。

(3) (1)の協議を行った結果、設計図書の訂正又は変更に至らない事項は、記録を整備する。

1.1.9
工事の一時中止
に係る事項

次の(ｱ)から(ｵ)までのいずれかに該当し、工事の一時中止が必要となった場合は、直ちにその状況を監督職員に報告する。

　(ｱ)　埋蔵文化財調査の遅延又は埋蔵文化財が新たに発見された場合
　(ｲ)　関連工事等の進捗が遅れた場合
　(ｳ)　工事の着手後、周辺環境問題等が発生した場合
　(ｴ)　第三者又は工事関係者の安全を確保する場合
　(ｵ)　暴風、豪雨、洪水、高潮、地震、地すべり、落盤、火災、騒乱、暴動その他の自然的又は人為的な事象で、受注者の責めに帰すことができない事由により、工事目的物等に損害を生じた場合又は工事現場の状態が変動した場合

1.1.10
工期の変更に係る資料の提出

　契約書に基づく工期の変更についての発注者との協議に当たり、協議の対象となる事項について、必要とする変更日数の算出根拠、変更工程表その他の協議に必要な資料を、あらかじめ監督職員に提出する。

1.1.11
特許の出願等

　工事の施工上の必要から材料、施工方法等を考案し、これに関する特許の出願等を行う場合は、あらかじめ発注者と協議する。

1.1.12
埋蔵文化財その他の物件

　工事の施工に当たり、埋蔵文化財その他の物件を発見した場合は、直ちにその状況を監督職員に報告する。その後の措置については、監督職員の指示に従う。
　なお、工事に関連した埋蔵文化財その他の物件の発見に係る権利は、発注者に帰属する。

1.1.13
ＳＩ単位

　国際単位系であるSI単位の適用に際し、疑義が生じた場合は、監督職員と協議する。

1.1.14
関係法令等の遵守

　工事の施工に当たり、関係法令等に基づき、工事の円滑な進行を図る。

第2節　工事関係図書

1.2.1
実施工程表

(1)　工事の着手に先立ち、実施工程表を作成し、監督職員の承諾を受ける。

(2)　実施工程表の作成に当たり、関連工事等の関係者と調整の上、十分検討する。

(3)　契約書に基づく条件変更等により、実施工程表を変更する必要が生じた場合は、施工等に支障がないよう実施工程表を直ちに変更し、当該部分の施工に先立ち、監督職員の承諾を受ける。

(4)　(3)によるほか、実施工程表の内容を変更する必要が生じた場合は、監督職員に報告するとともに、施工等に支障がないよう適切な措置を講ずる。

(5)　監督職員の指示を受けた場合は、実施工程表の補足として、週間工程表、月間工程表、工種別工程表等を作成し、監督職員に提出する。

(6)　概成工期が特記された場合は、実施工程表にこれを明記する。

1.2.2
施工計画書

(1)　工事の着手に先立ち、工事の総合的な計画をまとめた施工計画書（総合施工計画書）を作成し、監督職員に提出する。

(2)　施工計画書の作成に当たり、関連工事等の関係者と調整の上、十分検討する。

(3)　品質計画、施工の具体的な計画並びに一工程の施工の確認内容及びその確認を行う段階を定めた施工計画書（工種別施工計画書）を、工事の施工に先立ち作成し、監督職員に提出する。ただし、あらかじめ監督職員の承諾を受けた場合は、この限りでない。

(4)　(1)及び(3)の施工計画書のうち、品質計画に係る部分については、監督職員の承諾を受ける。また、品質計画に係る部分について変更が生じる場合は、監督職員の承諾を受ける。

(5)　施工計画書の内容を変更する必要が生じた場合は、監督職員に報告するとともに、施工等に支障がないよう適切な措置を講ずる。

1.2.3
施工図等

(1)　施工図等を工事の施工に先立ち作成し、監督職員の承諾を受ける。ただし、あらかじめ監督職員の承諾を受けた場合は、この限りでない。

(2)　施工図等の作成に当たり、関連工事等との納まり等について、当該工事関係者と調整の上、十分検討する。

(3)　施工図等の内容を変更する必要が生じた場合は、監督職員に報告するとともに、施工等に支障がないよう適切な措置を講じ、監督職員の承諾を受ける。

1.2.4
工事の記録等

(1)　契約書に基づく履行報告に当たり、報告に用いる様式等は、特記による。

(2)　監督職員の指示した事項及び監督職員と協議した結果について、記録を整備する。

(3)　工事の施工に当たり、試験を行った場合は、直ちに記録を作成する。

(4)　次の(ｱ)から(ｴ)までのいずれかに該当する場合は、施工の記録、工事写真、見本等を整備する。

　(ｱ)　設計図書に定められた施工の確認を行った場合

　(ｲ)　工事の進捗により隠ぺい状態となる等、後日の目視による検査が不可能又は容易でない部分の施工を行う場合

　(ｳ)　一工程の施工を完了した場合

　(ｴ)　適切な施工であることの証明を監督職員から指示された場合

(5)　(2)から(4)までの記録等について、監督職員より請求されたときは、提示又は提出する。

第3節　工事現場管理

1.3.1
施　工　管　理

(1)　設計図書に適合する工事目的物を完成させるために、施工管理体制を確立し、品質、工程、安全等の施工管理を行う。

(2)　工事の施工に携わる下請負人に、工事関係図書及び監督職員の指示の内容を周知徹底する。

1.3.2
電気保安技術者

(1)　電気保安技術者は次により、配置は特記による。

　(ｱ)　事業用電気工作物に係る工事の電気保安技術者は、その電気工作物の工事に必要な電気主任技術者の資格を有する者又はこれと同等の知識及び経験を有する者とする。

　(ｲ)　一般用電気工作物に係る工事の電気保安技術者は、第一種電気工事士又は第二種電気工事士の資格を有する者とする。

(2)　電気保安技術者の資格等を証明する資料を提出し、監督職員の承諾を受ける。

(3)　電気保安技術者は、監督職員の指示に従い、電気工作物の保安業務を行う。

1.3.3
施　工　条　件

(1)　施工日及び施工時間は、次による。

　　(ｱ)　行政機関の休日に関する法律に定める行政機関の休日は、施工しない。ただし、設計図書に定めのある場合又はあらかじめ監督職員の承諾を受けた場合は、この限りでない。

　　(ｲ)　設計図書に施工日又は施工時間が定められ、これを変更する必要がある場合は、あらかじめ監督職員の承諾を受ける。

　　(ｳ)　設計図書に施工時間等が定められていない場合で、夜間に施工する場合は、あらかじめ監督職員の承諾を受ける。

(2)　工事期間中、施工場所の設備機能は、原則として、停止させる。ただし、設計図書に定めのある場合又は設備機能の停止が必要ない場合で、監督職員の承諾を受けた場合は、この限りでない。

　　なお、施工場所の設備機能の停止に伴い、非施工場所の機能が停止される場合の代替え設備は特記による。

(3)　天井内の機器、配管、ダクト等は、天井解体後施工を行うものとする。

　　なお、天井解体の条件は特記による。

(4)　工事車両の駐車場所及び機材置場は、特記による。

(5)　振動、騒音、臭気、粉じん等の発生する作業を行う場合は、あらかじめ監督職員の承諾を受ける。

(6)　(1)から(5)まで以外の施工条件は、特記による。

1.3.4
品　質　管　理

(1)　1.2.2「施工計画書」(3)による品質計画に基づき、適切な時期に、必要な品質管理を行う。

(2)　必要に応じて、監督職員の検査を受ける。

(3)　品質管理の結果、疑義が生じた場合は、監督職員と協議する。

1.3.5
施工中の安全確保

(1)　建築基準法（昭和25年法律第201号）、労働安全衛生法（昭和47年法律第57号）その他関係法令等に基づくほか、建設工事公衆災害防止対策要綱（建築工事等編）（令和元年9月2日国土交通省告示第496号）及び建築工事安全施工技術指針（平成7年5月25日付け建設省営監発第13号）を踏まえ、常に工事の安全に留意して、施工に伴う災害及び事故の防止に努める。

(2)　同一場所にて関連工事等が行われる場合で、監督職員から労働安全衛生法に基づく指名を受けたときは、同法に基づく必要な措置を講ずる。

(3)　工事の計画及び施工に当たり、施工範囲における工事管理区分を

監督職員及び建物の管理者と事前打合せの上、工事に伴う事故防止や環境保全に留意し、必要な管理事項を定めてこれを行う。

⑷　気象予報、警報等について、常に注意を払い、災害の予防に努める。

⑸　工事の施工に当たり、工事箇所並びにその周辺にある地上及び地下の既設構造物、既設配管等に対して、支障をきたさないよう施工方法等を定める。ただし、これにより難い場合は、監督職員と協議する。

⑹　工事の施工に当たり、近隣等との折衝は、次による。また、その経過について記録し、直ちに監督職員に報告する。

　㋐　地域住民等と工事の施工上必要な折衝を行うものとし、あらかじめその概要を監督職員に報告する。

　㋑　工事に関して、第三者から説明の要求又は苦情があった場合は、直ちに誠意をもって対応する。

　㋒　大型機器等の搬出入において、第三者障害の防止の措置を講ずる必要がある場合は、監督職員と協議する。

⑺　工事の調査及び施工に当たり、暗渠内、ピット内、トレンチ内、シャフト内、排水槽内等で酸素欠乏、湿気、臭気、有毒ガス、粉じん、煙等が滞留又は発生するおそれのある場合は、酸素濃度等の確認を行い、作業者に工事作業の手順及び安全措置についての指示を行うとともに、十分な換気等の措置を講ずる。

　なお、作業時は、必ず複数の作業員で行い、監視人を配置して安全確保に努める。

⑻　工事中、バルブ等の必要箇所に「作業中」、「操作厳禁」等の表示を行い、誤操作による事故の防止に努める。

1.3.6
火気の取扱い

建物内の火気の使用は、原則として、行わない。ただし、やむを得ず火気の使用又は作業で火花等が発生する場合は、火気の取扱いに十分注意するとともに、次に示す火災防止の措置を講ずる。

　㋐　使用する火気に適した種類及び容量の消火器及び消火バケツを準備する。

　㋑　火気の使用箇所付近に可燃性のものや危険性のあるものは、置かない。

　㋒　火気の使用箇所付近は、防炎シート等による養生及び火花の飛散防止措置を講ずる。

　㋓　作業終了後は、十分に点検を行い、異常のないことを確認する。

1.3.7
交通安全管理

　工事材料、土砂等の搬送計画及び通行経路の選定その他車両の通行に関する事項について、関係機関と調整の上、交通安全の確保に努める。

1.3.8
災害等発生時の
安全確保

　災害及び事故が発生した場合は、人命の安全確保を全てに優先させるとともに、二次災害が発生しないよう工事現場の安全確保に努め、直ちにその経緯を監督職員に報告する。

1.3.9
施工中の環境保
全等

(1)　建築基準法、建設工事にかかる資材の再資源化等に関する法律(平成12年法律第104号。以下「建設リサイクル法」という。)、環境基本法（平成5年法律第91号）、騒音規制法（昭和43年法律第98号）、振動規制法（昭和51年法律第64号）、大気汚染防止法（昭和43年法律第97号）、水質汚濁防止法（昭和45年法律第138号）、廃棄物の処理及び清掃に関する法律（昭和45年法律第137号。以下「廃棄物処理法」という。）、土壌汚染対策法（平成14年法律第53号）、資源の有効な利用の促進に関する法律（平成3年法律第48号。以下「資源有効利用促進法」という。）、フロン類の使用の合理化及び管理の適正化に関する法律（平成13年法律第64号。以下「フロン排出抑制法」という。）その他関係法令等に基づくほか、建設副産物適正処理推進要綱（平成5年1月12日付け　建設省経建発第3号）を踏まえ、工事の施工の各段階において、騒音、振動、粉じん、臭気、大気汚染、水質汚濁等の影響が生じないよう、周辺の環境保全に努める。

(2)　塗料、シーリング材、接着剤その他の化学製品の取扱いに当たり、当該製品の製造所が作成したJIS Z 7253「GHSに基づく化学品の危険有害性情報の伝達方法－ラベル、作業場内の表示及び安全データシート（SDS）」による安全データシート（SDS）を常備し、記載内容の周知徹底を図るため、ラベル等により、取り扱う化学品の情報を作業場内に表示し、作業者の健康、安全の確保及び環境保全に努める。

(3)　工事の施工に当たり、発生材の抑制及び再資源化や廃棄物の適正処理に努める。

(4)　工事期間中は、作業環境の改善、工事現場の美化等に努める。

1.3.10
既存部分等への
処置

(1)　工事目的物の施工済み部分等については、汚損しないよう適切な養生を行う。

(2)　既存部分の養生については、第3章「養生」による。

(3)　工事施工に当たり、既存部分を汚損した場合は、監督職員に報告するとともに、承諾を受けて原状に準じて補修する。

1.3.11
後　片　付　け

(1)　作業終了時には、適切な後片付け及び清掃を行う。

(2)　工事の完成に当たり、当該工事に関する部分の後片付け及び清掃を行う。

第4節　機器及び材料

1.4.1
環境への配慮

(1)　工事に使用する機器及び材料（以下「機材」という。）は、国等による環境物品等の調達の推進等に関する法律（平成12年法律第100号。以下「グリーン購入法」という。）に基づき、環境負荷を低減できる機材の選定に努める。

(2)　使用する機材は、揮発性有機化合物の放散による健康への影響に配慮し、かつ、石綿を含有しないものとする。

1.4.2
機材の品質等

(1)　使用する機材は、設計図書に定める品質及び性能を有する新品とする。ただし、仮設に使用する機材は、新品に限らない。
　　なお、「新品」とは、品質及び性能が製造所から出荷された状態であるものを指し、製造者による使用期限等の定めがある場合を除き、製造後一定期間以内であることを条件とするものではない。

(2)　給水設備、給湯設備等に使用する機材は、「給水装置の構造及び材質の基準に関する省令」（平成9年厚生省令第14号）に適合するものとする。

(3)　使用する機材が、設計図書に定める品質及び性能を有することの証明となる資料を、監督職員に提出する。ただし、設計図書においてJIS、JAS又は「給水装置の構造及び材質の基準に関する省令」によると指定された機材で、JISマーク、JASマーク又は「給水装置の構造及び材質の基準に関する省令」に適合することを示す認証機関のマークのある機材を使用する場合及びあらかじめ監督職員の承諾を受けた場合は、資料の提出を省略することができる。

(4)　工事現場でのコンクリートに使用するせき板の材料として合板を使用する場合は、グリーン購入法の基本方針の判断の基準に従い、「木材・木材製品の合法性、持続可能性の証明のためのガイドライン」に準拠した内容の板面表示等により合法性を確認し、監督職員に報告する。

(5)　調合を要する材料については、調合表等を監督職員に提出する。

(6)　設計図書に定める機材の見本を提示又は提出し、材質、仕上げの程度、色合、柄等について、監督職員の承諾を受ける。

(7)　機器には、製造者名、製造年月又は製造年、形式、形番、性能等を明記した銘板を付けるものとする。

(8)　各編で使用する鋼材、ステンレス鋼材、アルミニウム材等の材料の呼称、規格等は、第2編1.1.2「材料・機材等の呼称及び規格」による。

(9)　設計図書に定める規格等が改正された場合は、1.1.8「疑義に対する協議等」による。

1.4.3
再 使 用 品

(1)　取外しを行い再使用する機材は、次による。

(ア)　取外し前に状態及び性能・機能の確認を行い、機材に損傷を与えないように取外す。

なお、確認する状態及び性能・機能は特記による。特記がない場合は、監督職員と協議する。

(イ)　状態及び性能・機能の確認の結果、修理等の必要が生じた場合は、監督職員と協議する。

(ウ)　取外し後、機材の清掃、洗浄等を行い、再取付け後は、状態、機材の性能・機能確認を行う。

なお、機材の分解・整備等による特別な清掃を行う場合は特記による。

(エ)　取外し後、再取付けまでの間は、機器の性能・機能に支障がないよう適切に養生を行い、保管する。

なお、保管場所は、監督職員と協議する。

(オ)　既存の機器に配管を接続する場合は、機器接続部分の清掃を行った後に行う。

(2)　再使用できない機器類は、監督職員と協議する。

1.4.4
機 材 の 搬 入

機材は工事現場への搬入ごとに、監督職員に報告する。ただし、あらかじめ監督職員の承諾を受けた場合は、この限りでない。

1.4.5
機材の検査等

(1)　工事現場に搬入した機材は、種別ごとに監督職員の検査を受ける。ただし、あらかじめ監督職員の承諾を受けた場合は、この限りでない。
(2)　(1)による検査の結果、合格した機材と同じ種別の機材は、以後、抽出検査とすることができる。ただし、監督職員の指示を受けた場合は、この限りでない。
(3)　(1)による検査の結果、不合格となった機材は、直ちに工事現場外に搬出する。

1.4.6
機材の検査に伴う試験

(1)　試験は、次の機材について行う。
　(ア)　第3編以降において試験を指定した機材
　(イ)　表1.1.1に該当する機材
　(ウ)　特記により試験を指定された機材
　(エ)　試験によらなければ、設計図書に定められた条件に適合することが証明できない機材
(2)　試験方法は、建築基準法、JIS、SHASE-S（（公社）空気調和・衛生工学会規格）等の法規又は規格に定めのある場合は、これによる。
(3)　試験が完了したときは、その試験成績書を監督職員に提出する。
(4)　製造者において、実験値等が整備されているものは、監督職員の承諾により、性能表・能力計算書等、性能を証明するものをもって試験に代えることができる。

表1.1.1　機材の試験

機　　材		試　験　項　目
弁類	減　　圧　　弁	水圧及び作動
	安　　全　　弁	水圧及び作動
	温　度　調　整　弁	水圧及び作動
	電　　磁　　弁	水圧及び作動
	電　　動　　弁	水圧及び作動
ポンプ類	遠　心　ポ　ン　プ	揚水量、揚程、電流値及び水圧（ポンプ本体）
	小形給水ポンプユニット	ポンプごとに、揚水量、揚程、電流値及び水圧
	水道用直結加圧形ポンプユニット	ポンプごとに、揚水量、揚程、電流値及び水圧

ポンプ類	水 中 モ ー タ ー ポ ン プ		揚水量、揚程及び電流値
	真空給水ポンプユニット（真 空 ポ ン プ 方 式）		揚水量、給水圧力、空気量、真空度及び電流値
	真空給水ポンプユニット（エ ゼ ク タ ー 方 式）		真空度及び電流値
	オ イ ル ポ ン プ		揚油量、全圧力及び電流値
タンク類	鋼 板 製 タ ン ク		満水及び内部防錆皮膜
	F R P 製 タ ン ク ステンレス鋼板製タンク		満水
	貯 湯 タ ン ク		水圧
	オイルタンク	地 下 式	水圧及び外面防錆皮膜（二重殻タンクは水圧のみ）
		そ の 他	満水
	膨張タンク	開 放 形	満水及び内部防錆皮膜
		密 閉 形	水圧又は気密
	還 水 タ ン ク		満水
	熱 交 換 器		能力及び水圧
	ヘ ッ ダ ー	蒸 気	水圧
		そ の 他	水圧及び亜鉛めっき付着量
空気調和設備工事用機材	鋼 製 ボ イ ラ ー 鋼 製 小 型 ボ イ ラ ー 鋳 鉄 製 ボ イ ラ ー		熱出力、水圧及び騒音
	小 型 貫 流 ボ イ ラ ー 簡 易 貫 流 ボ イ ラ ー		熱出力及び水圧
	鋼 製 簡 易 ボ イ ラ ー 鋳 鉄 製 簡 易 ボ イ ラ ー		熱出力及び水圧
	温 水 発 生 機	真 空 式	熱出力、水圧及び気密
		無 圧 式	熱出力、水圧及び満水
	温 水 発 生 機（木質バイオマスボイラー）	真 空 式	熱出力、水圧及び気密
		無 圧 式	熱出力、水圧及び満水
	吸 収 冷 温 水 機		冷凍能力、加熱能力、電動機出力、騒音、水圧及び気密
	吸収冷温水機ユニット		冷凍能力、加熱能力、電動機出力、水圧、気密、冷却能力及び騒音
	冷 凍 機	圧 縮 式	冷凍能力、定格所要入力、振動、騒音及び耐圧（水圧又は気密）
		吸 収 式	冷凍能力、騒音、水圧及び気密
	空気熱源ヒートポンプユニット		冷凍能力、加熱能力、電動機出力及び騒音
	氷 蓄 熱 ユ ニ ッ ト		標準仕様書第3編1.5.11「試験」(1)から(10)までによる。

空気調和設備工事用機材	冷　　却　　塔	冷却能力及び騒音
	送　　風　　機	風量、静圧、回転速度、電流値及び騒音
	パッケージ形空気調和機	能力、風量、静圧、電流値、振動、騒音及び気密耐圧
	マルチパッケージ形空気調和機	能力、風量、電流値、振動、騒音及び気密耐圧
	ガスエンジンヒートポンプ式空気調和機	能力、風量、電流値、振動、騒音及び気密耐圧
	ユニット形空気調和機	能力、風量、静圧、電流値、振動、騒音及び水圧
	コンパクト形空気調和機	能力、風量、静圧、電流値、振動、騒音及び水圧
	ファンコイルユニット	能力、風量、定格消費電力、損失水頭及び騒音
	空 気 清 浄 装 置	初期粒子捕集率、初期圧力損失及び試験粉じん保持量
	全　熱　交　換　器	全熱交換効率及び圧力損失
	全 熱 交 換 ユ ニ ッ ト	全熱交換効率及び騒音
	ファンコンベクター	能力、風量、定格消費電力及び騒音
	ユ ニ ッ ト ヒ ー タ ー	能力、風量及び騒音
	ガ ス 温 水 熱 源 機	熱出力及び水圧
	吹　　出　　口	吹出風量、到達距離、拡散半径（シーリングディフューザー）、発生騒音及び静圧損失
	防火・防煙ダンパーピストンダンパー	漏気量及び作動
	排　　煙　　口	漏気量及び作動
自 動 制 御 機 器 類		標準仕様書第4編第1章第6節「機材の試験」による。
給排水衛生設備工事用機材	衛 生 器 具 ユ ニ ッ ト	（水圧（給水）、満水及び通水（排水））*1、排水勾配
	定 水 位 調 整 弁	水圧及び作動
	ガ ス 湯 沸 器	熱出力及び水圧
	潜 熱 回 収 型 給 湯 器	熱出力及び水圧
	排 熱 回 収 型 給 湯 器	JIS B 8122「コージェネレーションシステムの性能試験方法」によるほか、標準仕様書第3編1.4.16「試験」(1)表3.1.5の(1)～(3)による。
	ヒートポンプ式給湯機	熱出力、水圧、電動機出力及び騒音
	太 陽 熱 集 熱 器	集熱性能及び水圧
	太 陽 熱 蓄 熱 槽	水圧、熱出力及び騒音

浄化槽	槽		満水
	機	器	水圧及び作動
昇降機設備 工事用機材	エレベーター用電動機及び電動発電機		特性、温度上昇、絶縁抵抗及び耐電圧
	エレベーター用主索		素線及び破断
	エスカレーター用電動機		特性、温度上昇、絶縁抵抗及び耐電圧
電気工事 用機材	盤	類	動作、絶縁抵抗及び耐電圧
	電	動 機	特性、温度上昇、絶縁抵抗及び耐電圧

注　1.　ガスエンジンヒートポンプ式空気調和機に系統連系機能を備える場
　　　　合は、（一財）日本ガス機器検査協会の検査規定による。
　　2.　＊1は、抽出試験としてもよい。

1.4.7
機 材 の 保 管

　搬入した機材は、工事に使用するまで、破損、変質等がないよう保
管する。
　なお、搬入した機材のうち、破損、変質等により工事に使用するこ
とが適当でないと監督職員の指示を受けたものは、工事現場外に搬出
する。

第5節　施工調査

1.5.1
施 工 計 画 調 査

(1)　工事の着手に先立ち、実施工程表、施工計画書作成のための調査、
　　打合せを行う。
(2)　消火設備等を改修する場合、現行法令に適合しない箇所が確認さ
　　れた場合は、監督職員と協議する。

1.5.2
事 前 調 査

　工事の施工に先立ち、設計図書に定められた調査を行い、監督職員
に報告する。

1.5.3
事 前 打 合 せ

　事前打合せでは、次の関係各署と打合せを行う。
(ア)　入居官署
(イ)　所轄の消防署
(ウ)　特定行政庁・建築主事
(エ)　保守管理会社
(オ)　その他必要な関係官公署

第6節　施　　工

1.6.1
施　　　　工

　施工は、設計図書、実施工程表、施工計画書、施工図等に基づき行う。

1.6.2
技　能　士

(1)　技能士は、職業能力開発促進法（昭和44年法律第64号）による一級技能士又は単一等級の資格を有する技能士をいい、適用する技能検定の職種及び作業の種別は特記による。
(2)　技能士は、適用する工事作業中、1名以上の者が自ら作業をするとともに、他の作業従事者に対して、施工品質の向上を図るための作業指導を行う。
(3)　技能士の資格を証明する資料を、監督職員に提出する。

1.6.3
一工程の施工の
事前確認

　一工程の施工に先立ち、次の項目について監督職員に報告する。
　(ア)　施工前の調査の期間及びその時間帯
　(イ)　工種別又は部位別の施工順序及び施工可能時間帯
　(ウ)　工種別又は部位別の足場その他仮設物の設置範囲及びその期間

1.6.4
一工程の施工の
確認及び報告

　一工程の施工を完了したとき又は工程の途中において監督職員の指示を受けた場合は、その施工が設計図書に適合することを確認し、適時、監督職員に報告する。
　なお、確認及び報告は、監督職員の承諾を受けた者が行う。

1.6.5
施工の検査等

(1)　設計図書に定められた場合又は1.6.4「一工程の施工の確認及び報告」により報告した場合は、監督職員の検査を受ける。
(2)　(1)による検査の結果、合格した工程と同じ機材及び工法により施工した部分は、以後、抽出検査とすることができる。ただし、監督職員の指示を受けた場合は、この限りでない。
(3)　見本施工の実施が特記された場合は、仕上り程度等が判断できる見本施工を行い、監督職員の承諾を受ける。

1.6.6
施工の検査に伴
う試験

(1)　試験は、次の場合に行う。
　(ア)　設計図書に定められた場合

　　　　　　　　　(イ)　試験によらなければ、設計図書に定められた条件に適合することが証明できない場合
　　　　　　　(2)　試験が完了したときは、その試験成績書を監督職員に提出する。

1.6.7
施工の立会い　　(1)　次の場合は、監督職員の立会いを受ける。ただし、これによることが困難な場合は、別に指示を受ける。
　　　　　　　　　(ア)　設計図書に定められた場合
　　　　　　　　　(イ)　主要機器を設置する場合
　　　　　　　　　(ウ)　施工後に検査が困難な箇所を施工する場合
　　　　　　　　　(エ)　総合調整を行う場合
　　　　　　　　　(オ)　監督職員が特に指示する場合
　　　　　　　(2)　監督職員の立会いが指定されている場合は、適切な時期に監督職員に対して立会いの請求を行うものとし、立会いの日時について監督職員の指示を受ける。
　　　　　　　(3)　監督職員の立会いに必要な資機材、労務等を提供する。

1.6.8
工法等の提案　　　設計図書に定められた工法等以外について、次の提案がある場合は、監督職員と協議する。
　　　　　　　　　(ア)　所定の品質及び性能の確保が可能な工法等の提案
　　　　　　　　　(イ)　環境の保全に有効な工法等の提案
　　　　　　　　　(ウ)　生産性向上に有効な工法等の提案

1.6.9
化学物質の濃度　(1)　建築物の室内空気中に含まれる化学物質の濃度測定の実施は、特
測定　　　　　　　記による。
　　　　　　　(2)　測定時期、測定対象化学物質、測定方法、測定対象室、測定箇所数等は、特記による。
　　　　　　　(3)　測定結果は、監督職員に提出する。

第7節　工事検査及び技術検査

1.7.1
工　事　検　査　(1)　契約書に基づく工事を完成したときの通知は、次の(ア)及び(イ)に示す要件の全てを満たす場合に、監督職員に提出することができる。
　　　　　　　　　(ア)　監督職員の指示を受けた事項が全て完了していること。
　　　　　　　　　(イ)　設計図書に定められた工事関係図書の整備が全て完了している

こと。

(2) 契約書に基づく部分払を請求する場合は、当該請求に係る出来形部分等の算出方法について監督職員の指示を受けるものとし、当該請求部分に係る工事について、(1)の要件を満たすものとする。

(3) (1)の通知又は(2)の請求に基づく検査は、発注者から通知された検査日に受ける。

(4) 工事検査に必要な資機材、労務等を提供する。

1.7.2
技術検査

(1) 公共工事の品質確保の促進に関する法令に基づく技術検査を行う時期は、次による。

　(ア) 1.7.1「工事検査」の(1)及び(2)に示す工事検査を行うとき。

　(イ) 工事施工途中における技術検査（中間技術検査）の実施回数及び実施する段階が特記された場合、その実施する段階に到達したとき。

　(ウ) 発注者が特に必要と認めたとき。

(2) 技術検査は、発注者から通知された検査日に受ける。

(3) 技術検査に必要な資機材、労務等を提供する。

第8節　完成図等

1.8.1
完成図の作成範囲

完成図の作成範囲は、原則として、施工範囲とするほか、必要に応じて監督職員と協議する。

1.8.2
完成時の提出図書

工事完成時の提出図書は特記による。特記がなければ、1.8.3「完成図」及び1.8.4「保全に関する資料」による。

1.8.3
完成図

完成図は、工事目的物の完成時の状態を表現したものとする。

　(ア) 図面の種類は特記による。

　　なお、特記がなければ、次による。

　　(a) 屋外配管図

　　(b) 各階平面図及び図示記号

　　(c) 主要機械室平面図及び断面図

　　(d) 便所詳細図

　　(e) 各種系統図

　　　　　　(f)　主要機器一覧表（品名、製造者名、形状、容量又は出力、数量等）

　　　　　　(g)　浄化槽設備、昇降機設備、機械式駐車設備及び医療ガス設備の図

　　　　(イ)　記載する寸法、縮尺、文字、図示記号等は、設計図書に準ずる。

1.8.4
保全に関する資料

(1)　保全に関する資料は次による。

　(ア)　建築物等の利用に関する説明書

　(イ)　機器取扱い説明書

　(ウ)　機器性能試験成績書

　(エ)　官公署届出書類

　(オ)　総合試運転調整報告書

(2)　(1)の資料の作成に当たり、監督職員と記載事項に関する協議を行う。

1.8.5
標 識 そ の 他

(1)　消防法（昭和23年法律第186号）等に定めるところによる標識（危険物表示板、機械室等の出入口の立入禁止表示、火気厳禁の標識等）を設置する。

(2)　機器には、名称及び記号を表示する。

(3)　配管、弁及びダクトには、次の識別を行う。

　　なお、配管の識別は、原則として、JIS Z 9102「配管系の識別表示」によるものとし、識別方法及び色合いは監督職員の指示による。

　(ア)　配管及びダクトには、用途及び流れの方向を表示する。

　(イ)　弁には、弁の開閉を表示する。

1.8.6
保 守 工 具

　当該工事のうちポンプ、送風機、吹出口、衛生器具、桝等の保守点検に必要な工具一式を監督職員に提出する。

第2章　仮設工事

第1節　一般事項

2.1.1
仮設の材料

仮設等に使用する材料は、使用上差し支えのないものとする。

第2節　足場その他

2.2.1
足　　場

(1) 足場、作業構台、仮囲い等は、建築基準法、労働安全衛生法、「建設工事公衆災害防止対策要綱　建築工事編」その他関係法令等に従い、適切な材料及び構造のものとし、適正な保守管理を行う。

(2) 関連工事の関係者が定置する足場、作業構台の類は、無償で使用できるものとする。

(3) 足場は、作業場所ごとに、その都度、組立て解体を行うものとする。

(4) 内部足場の種別は、表1.2.1によるものとし、E種からG種までを使用する場合は特記による。

なお、特記がなければA種からD種までとする。

表1.2.1　内部足場等

種　別	内　部　足　場　等
A　種	脚立足場（脚立及び足場板の組合せによる。）
B　種	移動式足場（ローリングタワー）
C　種	移動式昇降足場
D　種	高所作業車
E　種	単管足場
F　種	くさび緊結式足場
G　種	枠組足場

(5) 外部足場の種別は、表1.2.2によるものとし、A種、B種、C種及びF種を使用する場合は特記による。

なお、特記がなければ、D種及びE種とする。

表1.2.2　外部足場等

種　別	外　部　足　場　等
A　種	施工箇所面に枠組足場を設ける。
B　種	施工箇所面にくさび緊結式足場を設ける。
C　種	施工箇所面に単管本足場を設ける。
D　種	仮設ゴンドラを使用する。
E　種	移動式足場を使用する。
F　種	高所作業車を使用する。

(6)　外部足場の壁つなぎ材の施工は、撤去後、補修が少ない位置とし、壁つなぎ材を撤去した後、原状に復旧する。

(7)　足場を設ける場合には、「「手すり先行工法に関するガイドライン」について」（平成21年4月24日付け　厚生労働省基発第0424001号）の「手すり先行工法等に関するガイドライン」によるものとし、足場の組立、解体、変更の作業時及び使用時には、常時、全ての作業床において手すり、中さん及び幅木の機能を有するものを設置しなければならない。

2.2.2 工事用電力等

(1)　工事用の電力及び水の使用料は、受注者の負担とする。

(2)　工事用電力は、原則として、既存設備に電力計を設けて、仮設配電盤を設置し、使用する。

(3)　既存のコンセントから直接電力を使用する場合は、監督職員と協議する。

(4)　工事用水は、既存設備に量水器を設けて、仮設配管を施し使用する。

(5)　既存設備の水栓等から直接水を使用する場合は、監督職員と協議する。

(6)　工事用電源を既存建築物から分岐する場合は、原則として、既設分電盤の共用回路のコンセントからとする。

　　なお、接続する回路の負荷状態等を確認し、既設負荷への波及がないようにする。また、漏電遮断器付コンセント等を使用し、安全の確保を図る。

2.2.3 仮設間仕切り

(1)　屋内に仮設間仕切りを設ける場合は、表1.2.3によるものとし、種別は特記による。特記がなければ、C種とする。

　　なお、A種及びB種の塗装等仕上げを行う場合は特記による。

表1.2.3　仮設間仕切りの種別

種　　別	仮　設　間　仕　切　り
A　種	軽量鉄骨材等により支柱を組み、両面に厚さ9mmの合板張り又は厚さ9.5mmのせっこうボード張りを行い、内部にグラスウール等の充填を行う。
B　種	軽量鉄骨材等により支柱を組み、片面に厚さ9mmの合板張り又は厚さ9.5mmのせっこうボード張りを行う。
C　種	単管下地等を組み、全面シート張りを行う。

第3節　監督職員事務所、機材置場、その他の仮設物

**2.3.1
監督職員事務所**

(1)　監督職員事務所の設置は特記による。

(2)　監督職員事務所の位置は、次のいずれかによるものとし、適用は特記による。

　(ア)　既存建物内の一部を使用する。

　(イ)　構内に設置する。

　(ウ)　構外に設置する。

(3)　監督職員事務所の備品等

　(ア)　監督職員事務所には、監督職員の指示により、電灯、給排水その他の設備を設ける。

　　　なお、設置する備品等の種類及び数量は特記による。

　(イ)　監督職員事務所の光熱水料、電話の使用料、消耗品等は、受注者の負担とする。

**2.3.2
受注者事務所その他**

(1)　受注者事務所、作業員休憩所、便所等は、関係法令等に従って設ける。

(2)　作業員宿舎は、構内に設けない。

(3)　工事現場の適切な場所に、工事名称、発注者等を示す表示板を設ける。

**2.3.3
機材置場等**

　機材置場等は、使用機材に適した場所とし、施設の使用及び工事に支障とならず機材に損傷を与えるおそれのない場所とする。

2.3.4
危険物貯蔵所

　塗料、油類等の引火性材料の貯蔵所は、関係法令等に従い、建築物、下小屋、他の機材置き場等から隔離した場所に設け、屋根、壁等を不燃材料で覆い、出入口には鍵を付け、「火気厳禁」の表示を行い、消火器を設置する。

第4節　仮設物撤去その他

2.4.1
仮設物撤去その他

(1)　工事の進捗上又は構内建築物等の使用上、仮設物が障害となる場合は、監督職員と協議する。
(2)　仮設物を移転する場所がない場合は、監督職員の承諾を受けて、工事目的物の一部を使用することができる。
(3)　工事完成までに、工事用仮設物を取り除き、撤去跡及び付近の清掃、地均し等を行い、原状に復旧する。

第3章　養　　生

第1節　一般事項

3.1.1
養　生　範　囲

　既存部分の養生範囲は特記による。
　なお、特記がなく、工事後に使用される建築物、設備、備品等で、工事中の汚損、変色等が、工事前の状態と異なるおそれがある箇所は、養生を行うものとし、養生範囲は監督職員と協議する。

第2節　既存部分の養生

3.2.1
養生方法及び清掃

(1)　養生の方法は、特記による。特記がなければ、ビニルシート、合板等の適切な方法で行う。
(2)　固定された備品、机、ロッカー等の移動は特記による。
(3)　仮設間仕切り等により施工作業範囲が定められた場合は、施工作業範囲外にじんあい等が飛散しないように養生する。
(4)　機材搬入通路及び撤去機材搬出通路の養生は特記による。特記が

なければ、原則として、床面等に合板、ビニルシート等の適切な方法で養生を行う。

(5)　作業通路、搬入通路等に隣接して、盤等のスイッチ類がある場合は、誤操作しないよう養生する。

(6)　工事に既設エレベーターを使用する場合は、合板等で養生を行い、エレベーターに損傷を与えないようにする。また、台車を使用する場合等、積載方法に応じた許容荷重を確認する。

なお、使用後は、原状に復旧する。

(7)　やむを得ず切断溶接作業を行う場合は、防炎シート等で養生する。

3.2.2
養 生 材 撤 去

養生材の処理は、第5章第1節「発生材の処理」による。

第4章　撤　　去

第1節　一般事項

4.1.1
共 通 事 項

(1)　撤去場所の作業環境は、1.3.5「施工中の安全確保」及び1.3.9「施工中の環境保全等」による。

(2)　撤去工事は、1.3.3「施工条件」による施工時間とする。

(3)　撤去前に内容物（冷媒・吸収液・廃油等）の回収を要する機器・配管は、特記による。

(4)　(1)から(3)までによるほか、各機器、配管及びダクトの撤去に関しては、各編の当該事項による。

4.1.2
撤去作業の安全
対策

撤去作業に伴う安全対策は、1.3.5「施工中の安全確保」及び1.3.9「施工中の環境保全等」によるほか、次による。

(ア)　粉じん及びほこりが発生するおそれのある撤去作業には、監督職員と協議して有効な換気装置等を設置する。

(イ)　石綿の撤去は、特記による。

(ウ)　油関係の設備及びガス関係の設備の撤去には、火気を使用してはならない。

第2節　施　　工

4.2.1
有害物質を含む
撤去

撤去部に石綿、鉛等の有害物質を含む材料が使用されている場合は、監督職員と協議する。

4.2.2
既存間仕切壁の
撤去

既存間仕切りの撤去は、「公共建築改修工事標準仕様書（建築工事編）」（以下「改修標準仕様書（建築工事編）」という。）6章「内装改修工事」3節「既存壁の撤去及び下地補修」による。

4.2.3
既存天井の撤去

既存天井の撤去は、改修標準仕様書（建築工事編）6章「内装改修工事」4節「既存天井の撤去及び下地補修」による。

4.2.4
撤去跡の補修及
び復旧

(1) 壁付け機器、床置き機器、天井付け機器撤去跡の取付ボルト孔及び壁面、天井面の変色等の補修並びに床補修等は特記による。特記がなければ、監督職員との協議による。

(2) 床、壁、天井等の撤去後の開口部の補修の方法及び仕上げの仕様は特記による。特記がなければ、監督職員と協議する。

第5章　発生材の処理等

第1節　発生材の処理

5.1.1
一　般　事　項

(1) 発生材の抑制、再利用及び再資源化並びに再生資源の積極的活用に努める。

なお、設計図書に定められた以外に、発生材の再利用、再資源化及び再生資源の活用を行う場合は、監督職員と協議する。

(2) 発生材の処理は、次による。

(ア) 発生材のうち、発注者に引渡しを要するもの並びに特別管理産業廃棄物の有無及び処理方法は、特記による。

なお、引渡しを要するものは、監督職員の指示を受けた場所に保管する。また、保管したものの調書を作成し、監督職員に提出する。

　(イ)　発生材のうち、工事現場において再利用を図るもの及び再資源化を図るものは、特記による。

　　　なお、再資源化を図るものと指定されたものは、分別を行い、所定の再資源化施設等に搬入した後、調書を作成し、監督職員に提出する。

　(ウ)　発生材は、金属（鉄、アルミニウム、ステンレス等）、樹脂（プラスチック、ビニル管等）、保温材（ロックウール、グラスウール、ポリスチレンフォーム等）、その他（コンクリート破片等）等に分けて分別収集する。

　(エ)　(ア)及び(イ)以外のものは、全て工事現場外に搬出し、建設リサイクル法、資源有効利用促進法、廃棄物処理法その他関係法令等に定めるところによるほか、「建設副産物適正処理推進要綱」に従い適切に処理し、監督職員に報告する。

5.1.2
産業廃棄物等

(1)　産業廃棄物の処理は、収集から最終処分までをマニフェスト交付を経て適正に処理する。

(2)　特別管理産業廃棄物の有無及び処理方法は特記による。

(3)　フロン系冷媒は、第3編2.4.3「冷媒の回収方法等」による。

(4)　オイルタンク、オイルサービスタンク、油管等の廃油は、関係法令に従い、専門業者により適正に処理する。

(5)　吸収冷凍機、吸収冷温水機等の臭化リチウム水溶液等は、関係法令に従い、専門業者により適正に処理する。

(6)　冷凍機用ブライン液は、関係法令に従い、専門業者により適正に処理する。

(7)　泡消火設備の薬剤及び水溶液は、関係法令に従い、専門業者により適正に処理する。

第2編　　共通工事

第1章　一般共通事項

第1節　規　格　等

1.1.1
引　用　規　格

各編で引用している規格は、表2.1.1による。

表2.1.1　引　用　規　格

番号	規 格 名 称	番号	規 格 名 称
JIS	日本産業規格	JAS	日本農林規格
SHASE-S	(公社)空気調和・衛生工学会規格	JCW	日本鋳鉄ふた・排水器具工業会規格
JRA	(一社)日本冷凍空調工業会標準規格	AS	塩化ビニル管・継手協会規格
HA	日本暖房機器工業会規格	JEM	(一社)日本電機工業会規格
JWWA	(公社)日本水道協会規格	JCS	(一社)日本電線工業会規格
SAS	ステンレス協会規格	JV	(一社)日本バルブ工業会規格
JCDA	(一社)日本銅センター規格	JACA	(公社)日本空気清浄協会規格
WSP	日本水道鋼管協会規格	JASS	(一社)日本建築学会材料規格
JPF	日本金属継手協会規格	JSWAS	(公社)日本下水道協会規格
JFEA	(一社)日本厨房工業会規格	JXPA	架橋ポリエチレン工業会規格
JPMS	(一社)日本塗料工業会規格	RWA	ロックウール工業会規格

1.1.2
材料・機材等の
呼称及び規格

材料・機材等の呼称及び規格は、各編によるほか、表2.1.2による。

表2.1.2　材料の呼称及び規格

呼　　称		規　　格		備　考
		番　号	名　　　　称	
鋼材	鋼　　　　板	JIS G 3101	一般構造用圧延鋼材	熱間圧延鋼板 JIS G 3193
		JIS G 3131	熱間圧延軟鋼板及び鋼帯	熱間圧延鋼板 JIS G 3193
		JIS G 3141	冷間圧延鋼板及び鋼帯	
	亜　鉛　鉄　板	JIS G 3302	溶融亜鉛めっき鋼板及び鋼帯	一般用 SGCC
	カ ラ ー 亜 鉛 鉄 板	JIS G 3312	塗装溶融亜鉛めっき鋼板及び鋼帯	一般用2類 CGCC-20

鋼材	電気亜鉛鉄板	JIS G 3313	電気亜鉛めっき鋼板及び鋼帯	
	溶融アルミニウム－亜鉛鉄板	JIS G 3321	溶融55％アルミニウム－亜鉛合金めっき鋼板及び鋼帯	
	形　鋼	JIS G 3101	一般構造用圧延鋼材	熱間圧延形鋼 JIS G 3192
	棒　鋼	JIS G 3101	一般構造用圧延鋼材	熱間圧延棒鋼 JIS G 3191
	平　鋼	JIS G 3101	一般構造用圧延鋼材	熱間圧延平鋼 JIS G 3194
	軽量形鋼	JIS G 3350	一般構造用軽量形鋼	
ステンレス鋼材	ステンレス鋼板	JIS G 4304	熱間圧延ステンレス鋼板及び鋼帯	
		JIS G 4305	冷間圧延ステンレス鋼板及び鋼帯	
	ステンレス鋼棒	JIS G 4303	ステンレス鋼棒	
アルミニウム材	アルミニウム板	JIS H 4000	アルミニウム及びアルミニウム合金の板及び条	
	アルミニウム押出形材	JIS H 4100	アルミニウム及びアルミニウム合金の押出形材	
アルミニウム箔		JIS H 4160	アルミニウム及びアルミニウム合金はく	

注　鋼材の備考欄に示すJIS番号は、鋼材の「形状、寸法、質量及びその許容差」を表す。

第2節　電動機及び制御盤

1.2.1
一　般　事　項　　電動機及び制御盤は、標準仕様書第2編第1章第2節「電動機及び制御盤」によるほか、特記による。

第3節　総合試運転調整

1.3.1
一　般　事　項　　総合試運転調整に先立ち、調整方法、調整時期、日程、人員及び安全対策を含む総合試運転調整計画書を監督職員に提出し、承諾を受ける。

1.3.2
各機器の個別運転調整　　総合試運転調整に先立ち、各機器の個別運転調整を行う。

1.3.3
総合試運転調整

　各設備における装置全体が設計図書の意図した機能を満足することを目的とし、各設備における装置全体の施工完了時に、設計図書に示された目標値等と照合しながら、各機器相互間の総合試運転調整を行う。

　総合試運転調整項目は、次によるものとし、適用は特記による。

(ア)　風量調整
(イ)　水量調整
(ウ)　室内外空気の温湿度の測定
(エ)　室内気流及びじんあいの測定
(オ)　騒音の測定
(カ)　飲料水の水質の測定（水道法施行規則（昭和32年厚生省令第45号）第10条による水質検査とする。ただし、水道法第3条第6項に規定する専用水道に該当しないものは除くものとするが、地方公共団体の条例等の定めがある場合は、その定めによる。）
(キ)　雑用水の水質の測定（建築物における衛生的環境の確保に関する法律施行令第2条の「建築物環境衛生管理基準」による。）

　総合試運転調整完了後、機器等の運転状態の記録表及び系統ごとに各測定結果をまとめた測定報告書を監督職員に提出する。測定報告書には、測定器名、測定日時及び測定者名を記入し、測定点を示した図面を添付する。

第2章　配管工事

第1節　配管材料等

2.1.1
配管材料・配管附属品・計器その他

(1)　配管材料・配管附属品・計器その他は、標準仕様書第2編「共通工事」の当該事項によるほか、特記による。
(2)　給水に使用する鋳鉄管は、JIS G 5526「ダクタイル鋳鉄管」による3種管、JIS G 5527「ダクタイル鋳鉄異形管」、JWWA G 113「水道用ダクタイル鋳鉄管」による3種管又はJWWA G 114「水道用ダクタイル鋳鉄異形管」とする。
(3)　二酸化炭素消火配管に使用する管材は、JIS G 3454「圧力配管用炭素鋼鋼管」によるSTPG370のSch 80（白管）とし、継目無鋼管とする。
(4)　二酸化炭素消火設備用配管に用いる鋼管継手は、使用する管と同

等以上の材質及び強度を有するもので、亜鉛めっきを施したものとする。

(5) 既存配管との取合い部分等で、(1)によれない継手を使用する場合は、監督職員と協議する。

第2節 配管施工の一般事項

2.2.1
一 般 事 項

(1) 配管の施工に先立ち、第1編1.5.2「事前調査」を十分に行い、既設設備との関連事項及び維持管理性を詳細に検討し、勾配、接続位置等を考慮してその他への影響を及ぼさないよう施工する。

(2) 既設配管との接続に際しては、事前に既設配管の系統及び流体の種別について確認を行う。

(3) 新設間仕切りに施工するスリーブは、標準仕様書第2編2.2.27「スリーブ」による。

(4) 分岐又は合流する場合は、クロス継手を使用せず、必ずT継手を使用するものとするが、1つのT継手で相対する2方向への分岐又は相対する2方向からの合流に用いてはならない。ただし、通気及びスプリンクラー消火配管を除く。

(5) 建築物導入部配管で不等沈下のおそれがある場合は、特記により「標準図」（建築物導入部の変位吸収配管要領（一））のフレキシブルジョイントを使用した方法で施工する。ただし、排水及び通気配管を除く。

(6) 建築物エキスパンションジョイント部の配管要領は、標準図（建築物エキスパンションジョイント部配管要領）による。

(7) 伸縮管継手を設ける配管には、その伸縮の起点として有効な箇所に、標準図（伸縮管継手の固定及びガイド・座屈防止用形鋼振れ止め支持施工要領）による固定及びガイドを設ける。

(8) 給水、給湯、開放系の冷温水及び冷却水配管で、機器接続部の金属材料と配管材料のイオン化傾向が大きく異なる場合（鋼とステンレス、鋼と銅）は、絶縁継手を使用し絶縁を行うものとする。
なお、絶縁継手の仕様は、標準仕様書第2編2.2.12「絶縁継手」によるものとし、設置箇所は特記による。

(9) 塩ビライニング鋼管、耐熱性ライニング鋼管及びポリ粉体鋼管と給水栓、銅合金製配管附属品等との接続で、絶縁を要する場合の継手は、JPF MP 003「水道用ライニング鋼管用ねじ込み式管端防食管継手」及びJPF MP 005「耐熱性硬質塩化ビニルライニング鋼管用ねじ込み式管端防食管継手」に規定する器具接続用管端防食管継

　手を用いる。

⑽　配管に取付ける計器取付用単管（タッピング等）は、配管材料と同材質とする。

⑾　鋼管、鋳鉄管等配管に対するコーキング処理は、禁止する。

⑿　配管完了後、管内の洗浄を十分行う。

　なお、飲料水配管の場合は、末端部において遊離残留塩素が0.2mg/L以上検出されるまで消毒を行う。

⒀　揚水ポンプ、消火ポンプ、冷却水ポンプ及び冷温水ポンプに取付ける呼び径50以下の逆止弁には、呼び径15以上のバイパス管及び弁を取付ける。ただし、バイパス弁内蔵形は除く。

⒁　鋼管（呼び径32以下）をはんだ付けしたときは、フラックスを除去するため、速やかに水による管内の洗浄を行う。

⒂　既設配管からの分岐取出し位置は、他系統への影響や水量バランス等を十分に検討する。

⒃　給水及び給湯系統の配管は、切断面からの水質汚染に十分注意する。

⒄　飲料水以外の給水管を設ける場合は、飲料水管との識別を行い誤接続がないこととする。

2.2.2
冷温水、ブライン及び冷却水配管

(1)　冷温水、ブライン及び冷却水管の主管の曲部は、原則として、ベンド又はロングエルボを使用する。

(2)　冷凍機の冷水管及びブラインの入口側には、ストレーナを設ける。また、冷水、ブライン及び冷却水管の出口側には、瞬間流量計を設け、出入口側には、圧力計、温度計及び防振継手を取付ける。ただし、吸収冷凍機、吸収冷温水機及び吸収冷温水機ユニットにおいては、防振継手を除く。

(3)　冷却塔廻りの配管は、その荷重が直接冷却塔本体にかからないよう十分に支持するものとし、冷却水の出入口側及び補給水管の入口側には、標準仕様書第2編2.2.9「フレキシブルジョイント」による合成ゴム製のフレキシブルジョイントを設け、冷却水の出口側には、ストレーナを取付ける。

(4)　冷温水コイルの冷温水出入口側配管（ファンコイルユニット及び天井内設置のコイルを除く。）には、圧力計及び温度計を取付ける。

(5)　冷水、ブライン及び冷温水配管の吊バンド等の支持部は、合成樹脂製の支持受けを使用する。

(6)　ファンコイルユニットと冷温水管の接続部には、ファンコイルユニット用ボール弁を取付ける。

　なお、流量調整弁又は定流量弁の適用は特記による。

(7)　ファンコイルユニットと冷温水管及びファンコンベクターと温水管との接続には、フレキシブルチューブを使用してもよい。

(8)　熱交換器の冷温水及びブライン出入口側配管には、圧力計及び温度計を取付ける。

(9)　冷温水ヘッダーの往ヘッダー及び各返り配管には、温度計を取付ける。

(10)　ドレン管は、2.2.8「排水及び通気配管」による。

(11)　次の機器廻り配管要領は、標準図による。

　(ア)　空気調和機（冷温水コイル及び加湿器）

　(イ)　鋳鉄製温水ボイラー

　(ウ)　チリングユニット、遠心冷凍機及びスクリュー冷凍機

　(エ)　吸収冷水機及び吸収冷温水機ユニット

　(オ)　真空式温水発生機及び無圧式温水発生機

　(カ)　冷却塔

　(キ)　空調ポンプ（冷水ポンプ、冷温水ポンプ、温水ポンプ及び冷却水ポンプ）

　(ク)　多管形熱交換器及びプレート形熱交換器

　(ケ)　ファンコイルユニット

　(コ)　膨張タンク及び密閉形隔膜式膨張タンク

(12)　冷温水主管よりの立上り、立下り分岐配管要領等は、標準図（蒸気及び冷温水管の配管要領）による。

2.2.3　蒸 気 配 管

(1)　蒸気管の施工は、全て管の温度変化による伸縮を考慮して行い、膨張時に配管の各部に過大な応力がかからないように、かつ、配管の勾配が確保できるように行う。

(2)　横走り順勾配配管で、径の異なる管を接続する場合には、偏心径違い継手を用いる。

　　なお、接続要領は、標準図（蒸気及び冷温水管の配管要領）による。

(3)　主管の曲部は、原則として、ベンド又はロングエルボを使用する。

(4)　主管は、約15m以内に、また、立上り底部その他各種装置の取付け両端等必要な箇所には、それぞれフランジ継手を挿入し、管及び機器類の取外しを容易にする。

　　なお、呼び径25以下の見え掛り横走り配管には、JIS B 2301「ねじ込み式可鍛鋳鉄製管継手」に規定するフランジを使用してもよい。

(5)　室内に露出する管の壁面よりの間隔は、裸管、被覆管とも40㎜以上とする。暖房用立上り裸管は、原則として、ソケット及びフランジ継手を使用しない。

(6)　加熱コイル廻り配管要領及び主管より放熱器又は立上り管への分岐配管要領は、標準図（蒸気及び冷温水管の配管要領、蒸気加熱コイル廻り配管要領）による。

(7)　真空還水式暖房の立上り還水管には、リフト継手を使用する。リフト継手の吸上げ1段の高さは、原則として、真空ポンプ直前では1,200mm、その他の箇所では600mmとし、その取付要領は、標準図（蒸気及び冷温水管の配管要領）による。

(8)　ボイラーのブロー管は、缶ごとに所定の排水桝に導き、いかなる場合でも排水管系に圧力を加えるような連結をしてはならない。

(9)　安全弁の吹出管は、単独で、かつ、安全を十分考慮して開放する。

(10)　トラップ装置、減圧装置及び温度調整装置の組立要領は、標準図（トラップ装置組立て要領、減圧装置・温度調整装置組立て要領）による。

(11)　蒸気管の塗装は、3.2.1.4「塗装」による。

2.2.4 油　　配　　管

(1)　屋内オイルタンク及びオイルサービスタンクの給油管、返油管及び送油管には、フレキシブルジョイントを取付ける。

　　なお、オイルサービスタンク廻りの配管要領は、標準図（オイルサービスタンク廻り配管要領）による。

(2)　油管の塗装は、3.2.1.4「塗装」による。

2.2.5 高温水配管

高温水管は、次によるほか、2.2.3「蒸気配管」の当該事項による。

(ア)　フランジ継手は、弁廻り、器具廻り及び施工上やむを得ない箇所に使用してもよい。

(イ)　横引き配管の下流側の末端、その他必要と認められる箇所には、必ず空気抜き弁を設ける。

　　なお、空気抜き弁は手動とし、呼び径15の玉形弁を2個直列に設け危険を防止する。

(ウ)　配管末端及び底部その他配管中のドレンは、呼び径32にて立ち下げ、最寄の雑排水系統へ放流する。

　　なお、ドレン管には、水抜き弁として仕切弁又は玉形弁を2個直列に設ける。

(エ)　配管完了後は、配管の洗浄を常温にて2回行う。

(オ)　昇温は全系統を数回の温度差により行う。この場合、各昇温回数ごとの各部点検を行う。

2.2.6
冷　媒　配　管

(1) 冷媒管は、冷媒及び潤滑油循環が正常な運転に支障のないよう施工する。

(2) 冷媒配管の接合は、原則として、ろう付け又はフランジ継手とし、次の(ｱ)及び(ｲ)による。

なお、メカニカル継手を使用する場合は次の(ｳ)による。

(ｱ)　冷媒管のろう付け及び溶接作業は、配管内に不活性ガスを通しながら行う等の酸化防止措置を講ずる。

(ｲ)　フランジ接合の場合は、JIS B 8602「冷媒用管フランジ」によるものとし、管とフランジの接合は、ろう付け又は溶接とする。

(ｳ)　メカニカル継手による接合は、JCDA 0012「冷媒用銅及び銅合金管に用いる機械的管継手」による。

(3) 銅管材質1/2H材は、専用工具を用いて曲げ加工としてもよい。ただし、曲げ半径は管径の4倍以上とする。

(4) 冷媒管の支持受け材として保護プレートを、断熱材被覆銅管と吊り金物、支持金物又は固定金物との間に設け、自重による断熱材の食込みを防止する。

(5) 冷媒管の継手は、保守点検できる位置に設ける。

(6) 配管完了後、気密試験及び真空脱気をし、冷媒の充塡作業を行う。

(7) 保温工事は、気密試験完了後に行う。また、液管とガス管は共巻きしてはならない。ただし、断熱材被覆銅管の場合を除く。

(8) 屋内機と屋外機の連絡配線は、電気容量に対して十分適合するものを用いる。冷媒管と共巻きする場合は、冷媒管の保温施工後に共巻きする。また、屋内機と屋外機の専用配線部品等は、製造者の標準仕様としてもよい。

(9) 断熱材被覆銅管の接合部は、同一の断熱材を用いて、すき間が生じないよう施工する。

なお、断熱材の継目部は、伸縮量を考慮の上、断熱粘着テープ1/2重ね巻きとする。

(10) 冷媒管の立て管は、2.4.3「吊り及び支持」の当該事項によるものとし、管の熱伸縮量を頂部及び最下部において吸収する措置を講ずる。

2.2.7
給　水　配　管

(1) 給水管の主配管には、適切な箇所にフランジ継手を挿入し、取外しを容易にする。

なお、呼び径25以下の見え掛り配管には、ユニオンを使用してもよい。

(2) 水栓類は、ねじにテープシール材を適数回巻きしてから適正トル

クでねじ込む。

(3)　配管中の空気だまりにはエア抜弁又は吸排気弁を、泥だまりには排泥弁を設ける。排泥弁の大きさは、管と同径とし、管の呼び径が25を超えるものは呼び径25とする。

(4)　揚水ポンプ廻り配管要領は、標準図（揚水ポンプ（横形）廻り配管要領、揚水ポンプ（立形）廻り配管要領）による。

(5)　タンク廻りの配管は、次による。

　(ｱ)　各接続管の荷重が直接タンク本体にかからないように支持する。

　(ｲ)　受水タンク及び高置タンクの排水及び通気管を除く各接続管には、鋼板製タンク及びステンレス鋼板製タンクにあってはベローズ形フレキシブルジョイントを、FRP製タンクにあっては合成ゴム製フレキシブルジョイントを取付ける。

　(ｳ)　FRP製タンクのオーバーフロー管は、JIS K 6741「硬質ポリ塩化ビニル管」又はJIS K 9798「リサイクル硬質ポリ塩化ビニル発泡三層管」とする。

　(ｴ)　配管要領は、標準図（機器廻り配管吊り及び支持要領（二）、受水タンク廻り配管要領）による。

2.2.8
排水及び通気配管

(1)　排水横枝管等が合流する場合は、必ず45°以内の鋭角をもって水平に近く合流させる。

(2)　次のものからの排水は、間接排水とする。

　(ｱ)　食品冷蔵容器、厨房用機器、洗濯用機器（業務用）、医療用機器及び水飲器

　(ｲ)　冷凍機及び冷却塔並びに冷媒又は熱媒として水を使用する装置

　(ｳ)　空気調和用機器

　(ｴ)　水用タンク、貯湯タンク、熱交換器その他これに類する機器

　(ｵ)　給湯及び水用各種ポンプ装置その他同種機器

　(ｶ)　消火栓系統及びスプリンクラー系統のドレン管

(3)　間接排水管は、水受器その他のあふれ縁よりその排水管径の2倍以上の空間（飲料用の貯水槽の場合は最小150㎜以上）を保持して開口しなければならない。また、水が飛散し支障がある場合は、それに適応した防護方法を講ずる。

(4)　排水立て管の最下部は、必要に応じて、支持台を設け固定する。

(5)　3階以上にわたる排水立て管には、各階ごとに満水試験継手を取り付ける。

(6)　ユニット形空気調和機、コンパクト形空気調和機、パッケージ形空気調和機、マルチパッケージ形空気調和機及びガスエンジンヒー

トポンプ式空気調和機のドレン管には、送風機の全静圧以上の落差をとった空調機用トラップを設けるものとし、空調機用トラップの形式は特記による。

(7)　厨房排水及び厨房排水用通気の継手に排水鋼管用可とう継手を使用する場合は、JPF MDJ 004「ちゅう房排水用可とう継手」を使用する。

(8)　水中ポンプの吐出管は、ポンプ本体に荷重がかからないように、かつ、地震動に対しても堅固に支持する。

なお、ポンプを引き上げられるように、吐出管はフランジ接合とし、かつ、逆流を防ぐような立上り部分を設ける。

(9)　通気管は、排水横枝管等より垂直ないし45°以内の角度で取出し、水平に取出してはならない。

(10)　各階の通気管を通気立て管に連結する場合は、その階の器具のあふれ縁より150mm以上の所で連結する。

なお、通気立て管を伸頂通気管に連結する場合もこれによる。

(11)　排水及び通気配管要領は、標準図（排水・通気配管の正しいとり方）による。

2.2.9　給湯配管

給湯管は、次によるほか、2.2.7「給水配管」の当該事項による。

(ア)　配管は、管の伸縮を妨げないようにし、均整な勾配を保ち、逆勾配、空気だまり等循環を阻害するおそれのある配管をしてはならない。

(イ)　湯沸器と給水管及び給湯管の接続は、銅製又はステンレス鋼製のフレキシブルチューブ（(公社)日本水道協会認証品）を使用してもよい。

2.2.10　消火配管

消火管は、次によるほか、2.2.7「給水配管」の当該事項による。

(ア)　主配管には、適切な箇所にフランジ継手を挿入し、取外しを容易にする。

(イ)　消火ポンプユニット廻りの配管要領は、標準図（消火ポンプユニット廻り配管要領）による。

(ウ)　天井隠ぺい配管の場合、スプリンクラーヘッド取付部の巻き出し管は、地震時の変位を吸収する可とう性のもの（消防法令に適合するものとする。）で主配管の材質に適したものを使用し、ヘッドの直近で専用金物を用いて、天井下地材に固定する。

2.2.11
既設配管の再生を行う場合の留意事項

(1) 工法は、再生し使用する既設配管の肉厚等を十分に調査し、対応可能なものとする。
　なお、適用は特記による。
(2) 施工に先立ち、既設配管までの劣化状態を調査確認し、記録する。また、配管のサンプリングを行い内部の状態について記録し、写真等を監督職員に提出する。
　(ア) 調査箇所及びサンプリング個数は特記による。
　(イ) 調査により、工法や施工範囲を変更する場合は、監督職員と協議する。
(3) 作業機器の据付場所は、騒音の防止、仮設給排水の確保、じんあいの飛散防止等を検討し、監督職員の承諾を受ける。
(4) 既設配管のさびコブ除去、管内清掃、防錆のライニングの確認、作業後の試験等については、採用した工法の規定による。
(5) 作業に伴い、既設配管より取外した弁、衛生器具等は、作業終了後に原状復旧し、開閉操作等の機能確認を行う。
　なお、老朽化等の理由で再使用が不可能な場合は、監督職員と協議する。
(6) 作業後、管内の洗浄及び消毒を行い、通水後、末端部の水栓等より採水し、水質検査を行い、監督職員に提出する。
　なお、水質検査の適用は特記による。

第3節　管の接合

2.3.1
一　般　事　項

(1) 既設配管は、接続部の断面が変形しないよう管軸心に対して直角に切断し、その切り口は平滑に仕上げる。
(2) 塩ビライニング鋼管、耐熱性ライニング鋼管、ポリ粉体鋼管及び外面被覆鋼管は、帯のこ盤又はねじ切機搭載形自動丸のこ機等で切断し、パイプカッターによる切断は禁止する。また、切断後、適正な内面の面取りを施す。
(3) 地中配管用の塩ビライニング鋼管、ポリ粉体鋼管及び外面被覆鋼管のねじ加工及びねじ込み作業は、外面被覆材に適した専用工具を使用し、適正トルクで行う。チャック損傷部分は、プラスチックテープ2回巻きとする。
(4) ねじ加工機は、自動定寸装置付きとする。また、ねじ加工に際しては、ねじゲージを使用して、JIS B 0203「管用テーパねじ」に規定するねじが適正に加工されているか確認する。

(5)　塩ビライニング鋼管等の防食措置を施した配管と管端防食管継手との接続部は、切削ねじ接合とする。ただし、呼び径50以下のポリ粉体鋼管は、転造ねじ接合としてもよい。

(6)　接合する前に、切りくず、ごみ等を十分除去し、管の内部に異物のないことを確かめてから接合する。

(7)　配管の施工を一時休止する場合等は、その管内に異物が入らないように養生する。

(8)　既設配管との接続方法は、原則として、2.3.2「鋼管」以降により、継手は新品（既設配管に溶接されたフランジを除く。）とする。

　　なお、これによることができない場合は、監督職員と協議する。

(9)　既設配管との接続がねじ接合による場合は、既設配管のねじ部の肉厚及びねじ山が適正であることを確認し、十分清掃の後に接続する。

(10)　既設配管との接続がフランジの場合は、既設フランジ面を平滑に清掃を行った後に接続する。

　　なお、ボルト及びナット並びにガスケットは、新品とする。

(11)　既設配管と溶接接合する場合は、既設配管及び継手の接合部分の肉厚を確認の上、接続する。また、接続されている機器や保温材等に、熱による影響を及ぼさないように十分検討する。

2.3.2 鋼管

2.3.2.1 一般事項

(ア)　排水及び通気管を除く水配管の場合は、原則として、呼び径80以下はねじ接合、呼び径100はねじ接合、フランジ接合、ハウジング形管継手による接合又は溶接接合、呼び径125以上はフランジ接合、ハウジング形管継手による接合又は溶接接合とする。

(イ)　排水及び通気管の場合は、ねじ接合又は排水鋼管用可とう継手（MDジョイント）とする。

　　なお、排水鋼管用可とう継手（MDジョイント）の接合方法は、2.3.6「排水用塩ビライニング鋼管及びコーティング鋼管」による。

(ウ)　蒸気給気管及び蒸気還管の場合は、フランジ接合又は溶接接合とする。ただし、呼び径50以下の低圧（0.1MPa未満）の蒸気給気管及び蒸気還管の場合は、ねじ接合としてもよい。

(エ)　油管は、原則として、溶接接合とする。

(オ)　高温水管は、原則として、溶接接合とする。

2.3.2.2 ねじ接合

(ア)　接合用ねじは、JIS B 0203「管用テーパねじ」による管用テー

パねじとし、接合にはねじ接合材を使用する。接合材は、一般用ペーストシール剤又は防食用ペーストシール剤とし、ねじ山、管内部及び端面に付着している切削油、水分、ほこり等を十分に除去した後、おねじ部のみ適量塗布してねじ込む。ただし、消火配管においては、あらかじめシール剤（標準仕様書第2編2.2.28「接合材」の一般用ペーストシール剤と同等の性能を有したもの。）が塗布された工場加工の継手を使用する場合は、ねじ接合材の塗布を省略することができる。

なお、油配管のペーストシール剤は、耐油性のものとする。

(イ)　排水用ねじ込み式鋳鉄製管継手との接合は、管のテーパおねじ部を管端面と継手のリセスとの間にわずかな隙間ができる程度に正確にねじを切り、緊密にねじ込む。

(ウ)　継手接続後のねじ部の鉄面は、さび止めペイント2回塗りを行う。

2.3.2.3
フランジ接合

(ア)　フランジと管との取付方法は、原則として、溶接とする。ただし、2.3.2.1「一般事項」で、ねじ接合とする部分は、ねじ込みとしてもよい。

(イ)　接合には、適正材質及び厚さのガスケットを介し、ボルト及びナットを均等に片寄りなく締付ける。

(ウ)　蒸気管の場合は、ガスケット面には植物性油に黒鉛を混ぜたものを薄く塗布する。

(エ)　油管の場合のガスケットは、耐油性のものとする。

2.3.2.4
溶　接　接　合

2.3.16「溶接接合」の当該事項による。

2.3.2.5
ハウジング形
管継手による
接合

ハウジング形管継手は、JPF MP 006「ハウジング形管継手」に規定するロールドグルーブ形又はリング形とし、配管の接合用加工部、管端シール面等は、耐塩水噴霧試験に適合する防錆塗料により、十分な防錆処理を行う。

2.3.2.6
管端つば出し
鋼管継手によ
る接合

管端つば出し鋼管継手は、WSP 071「管端つば出し鋼管継手　加工・接合基準」の規定により工場加工されたものとし、遊合形フランジ接合とする。

2.3.3
塩ビライニング
鋼管、耐熱性ラ
イニング鋼管及
びポリ粉体鋼管

(1) 塩ビライニング鋼管、耐熱性ライニング鋼管及びポリ粉体鋼管は、原則として、呼び径80以下はねじ接合、呼び径100はねじ接合又はフランジ接合、呼び径125以上はフランジ接合とする。

(2) ねじ接合の場合は、次によるほか、2.3.2「鋼管」のねじ接合による。ただし、ねじ接合材は、防食用ペーストシール剤とする。

　(ア) 管の内面の面取りは、次によるものとし、継手形式ごとに適切に行う。

　　(a) 切削ねじの場合は、スクレーパー等の面取り工具を用いるものとする。

　　(b) 転造ねじの場合は、ねじ加工機に組込まれた専用リーマを用いて面取りを行い、バリをとる場合は、スクレーパー等を使用してもよい。

　(イ) JIS B 0203「管用テーパねじ」に規定するねじが適正に切られていることを、ねじゲージにより確認後、ねじ込む。

　　なお、ねじ込みは、適正な締め付け力で継手製造者が規定する余ねじ山数又は余ねじ長さにねじ込む。

　(ウ) ポリ粉体鋼管に転造ねじ接合を行う場合の管端防食管継手の保護は、次による。

　　(a) ねじ込み前に、転造ねじ部の管の内径は、継手製造者が規定する最小内径以上であることを確認する。

　　(b) 継手製造者の規定によりねじ込みを行い、締めすぎによる管端コアの破損に注意する。

　(エ) 管端防食管継手の再使用は、禁止する。

(3) 外面樹脂被覆を施した管端防食管継手の場合は、(2)による。ただし、継手の外面樹脂部と管の隙間及び管ねじ込み後の残りねじ部をブチルゴム系コーキングテープ又はゴムリングで完全に密封する。また、密封後コーキングテープ又はゴムリング露出部は、プラスチックテープ2回巻きとする。

　　なお、ゴムリングの場合は、管材との接続が終了した後でゴムリングの装着が容易に確認できるものとする。

(4) 塩ビライニング鋼管のフランジ接合の場合で、やむを得ずフランジを現場取付けする場合は、監督職員の承諾を受け、標準図（塩ビライニング鋼管及びステンレス鋼管の施工要領）により取付ける。

2.3.4
外面被覆鋼管

(1) 外面被覆鋼管は、原則として、呼び径80以下はねじ接合、呼び径100はねじ接合、フランジ接合又は溶接接合、呼び径125以上はフランジ接合又は溶接接合とする。

(2)　ねじ接合は、2.3.2「鋼管」のねじ接合による。

(3)　地中配管のねじ接合は、2.3.3「塩ビライニング鋼管、耐熱性ライニング鋼管及びポリ粉体鋼管」(3)の当該事項による。

(4)　フランジ接合及び溶接接合は、2.3.2「鋼管」の当該事項による。
　　なお、溶接接合の場合は、熱による影響を受ける部分の外面被覆はあらかじめ取除く。また、火花による損傷を受けないように養生する。

2.3.5
ナイロンコーティング鋼管

　ナイロンコーティング鋼管は、呼び径25以上40未満はフランジ接合、呼び径40以上は、フランジ接合又はハウジング形管継手による接合とする。

2.3.6
排水用塩ビライニング鋼管及びコーティング鋼管

(1)　排水鋼管用可とう継手（MDジョイント）による接合は、管端を直角に切断し内外面の面取りを行い、管のパッキン当たり面が変形や傷等がないことを確認後、フランジ、ロックパッキン又はクッションパッキンの順序で部品を挿入した管端を継手本体にはめ込み、ボルト及びナットを周囲均等に適正なトルクで締付ける。
　　なお、ロックパッキン使用の場合は、継手との接合に際し、管の先端と継手本体の差込み段差との間は必要により、管の熱伸縮を緩和する隙間を設ける。

(2)　管の端部は、JPF MP 006「ハウジング形管継手」に規定する耐塩水噴霧試験に適合する防錆塗料により、十分な防錆処理を行う。

2.3.7
ステンレス鋼管

(1)　呼び径60Su以下は、SAS 322「一般配管用ステンレス鋼鋼管の管継手性能基準」を満足した継手による接合とし、継手の種類は特記による。また、呼び径75Su以上は、溶接接合、ハウジング形管継手による接合又はフランジ接合とする。

(2)　溶接接合は、次によるほか、2.3.16「溶接接合」の当該事項による。

　(ア)　溶接接合は、管内にアルゴンガスを充満させてから、TIG溶接により行う。また、SUS 304、SUS 316等のオーステナイト系ステンレス鋼を溶接する場合は、窒素ガスとしてもよい。

　(イ)　溶接作業は、原則として、工場で行う。また、現場溶接する場合は、TIG自動円周溶接機を使った自動溶接とし、やむを得ず手動溶接を行う場合は、監督職員の立会いを受けて行う。

(3)　フランジは、JIS B 2220「鋼製管フランジ」による溶接式又は遊

合形とする。

なお、接合方法は、標準図（塩ビライニング鋼管及びステンレス鋼管の施工要領）による。

ガスケットは、ジョイントシートを四ふっ化エチレン樹脂（PTFE）で、はさみ込んだものとする。

(4) メカニカル接合は、継手形式ごとに製造者が規定する施工標準に従い、接合する。

(5) 呼び径25Su以下の配管は、現場にて専用工具を用いて曲げ加工をすることができる。ただし、曲げ半径は管径の4倍以上とする。

(6) ハウジング形管継手は、SAS 361「ハウジング形管継手」に規定するロールドグルーブ形又はリング形とする。

(7) 蒸気還管の場合は、原則として、フランジ接合又は溶接接合とする。

(8) 管端つば出しステンレス鋼管継手は、SAS 363「管端つば出しステンレス鋼管継手」の規定により工場加工されたものとし、遊合形フランジ接合とする。

(9) 工場での加工管は、SAS 371「建築設備用ステンレス配管プレハブ加工管部材」の規定による。

2.3.8 銅　　　管

(1) 水配管の接合は、差込接合又はメカニカル接合とし、次による。

　(ア) 差込接合の場合は、取外しの必要な箇所には、呼び径32以下は銅製ユニオン継手、呼び径40以上はフランジ継手を使用する。また、差込接合は、管の外面及び継手の内面を十分清掃した後、管を継手に正しく差込み、適温に加熱して、呼び径32以下ははんだ（軟ろう）又はろう（硬ろう）、呼び径40以上はろう（硬ろう）を流し込む。

　　なお、直近に弁等がある場合には、高温による変形を起こさないように養生して行う。

　(イ) メカニカル接合は、呼び径25以下に適用し、監督職員の承諾を受け、JCDA 0002「銅配管用銅及び銅合金の機械的管継手の性能基準」を満足した継手により接合する。

(2) 冷媒配管の接合は、2.2.6「冷媒配管」による。

2.3.9 鋳　鉄　管

給水鋳鉄管の接合は、メカニカル接合又は差込接合とし、次による。

(1) メカニカル接合の場合は、受口部の底に差口端部が接触するまで差込み、あらかじめ差口端近くにはめ込んだゴム輪を受口と差口との間隙にねじれが生じないように挿入の上、押輪で押さえ、ボルト

　　　及びナットで周囲均等に適切なトルクで締付けてゴム輪を管体に密
　　　着させる。
　(2)　差込接合の場合は、あらかじめゴム輪をゴム輪のバルブ部が奥に
　　　なるように受口内面の突起部に正確にはめ込み、フォーク又はジャ
　　　ッキ等により差口部に設けられた表示線が受口端面に位置するまで
　　　差口を差し込む。
　　　　なお、管の挿入に使用する滑剤は、衛生上無害であり、かつ、水
　　　質に悪影響を与えないものとする。

2.3.10
ビ ニ ル 管

　(1)　給水管の接合は、次による接着接合又はゴム輪接合とし、特記に
　　　よる。特記がなければ、接着接合とし、給水装置に該当する場合は、
　　　全て水道事業者の定める接合方法による。
　　(ｱ)　接着接合の場合は、切断後、呼び径13〜30は1㎜、呼び径40
　　　　及び50は2㎜、呼び径65以上は2㎜以上の面取りを行い、受口内
　　　　面及び差口外面の油脂分等を除去した後、差口外面の標準差込み
　　　　長さの位置に標線を付ける。次に、受口内面及び差口外面に専用
　　　　の接着剤を薄く均一に塗布し、速やかに差口を受口に挿入し、標
　　　　線位置まで差込み、そのまま保持する。差込み保持時間は、呼び
　　　　径50以下は30秒以上、呼び径65以上は60秒以上とする。
　　(ｲ)　ゴム輪接合の場合は、切断後、管の厚さの1/2、約15°の面取
　　　　りを行い、ゴム輪受口内面及び差口外面のゴミ等を除去した後、
　　　　差口外面の標準差込み長さの位置に標線を付ける。次に、ゴム輪
　　　　及び差口外面に専用の滑剤を塗布し、管軸を合わせて標線位置ま
　　　　で挿入する。
　(2)　排水管の接合は、次による接着接合又はゴム輪接合とし、特記に
　　　よる。特記がなければ、接着接合とする。
　　(ｱ)　接着接合及びゴム輪接合共、(1)の(ｱ)及び(ｲ)と同じ接合方法とす
　　　　る。
　　(ｲ)　管内の流れの障害となる段違いを生じないようにする。

2.3.11
ポリエチレン管

　(1)　給水装置に該当する場合は、全て水道事業者の定める接合方法に
　　　よる。
　(2)　管の接合方法は、電気融着接合又はメカニカル接合とする。
　　　　なお、接合方法は特記による。
　(3)　管の切断は、樹脂管専用カッターを用いて管軸に対して直角に行
　　　う。
　(4)　電気融着接合は、次による。

　　（ｱ）　管接続部分の外表面を、専用のスクレーパーを用いて切削し、管を継手受口の奥まで確実に挿入し、管の継手受口端部にマーキングする。

　　　　なお、やすり、サンドペーパーで、外表面を切削してはならない。

　　（ｲ）　管をクランプで確実に固定した後、専用コントローラで通電する。継手に通電後、継手インジケーターの隆起、マーキングのずれがないことを確認し、接続部に無理な力がかからないよう口径ごと適正な時間経過後、クランプを外す。

（5）　メカニカル接合は、継手形式ごとに製造者が規定する施工標準に従い、接合する。

（6）　管の敷設は、曲がり部を最小曲げ半径以上とするとともに、座屈が生じないよう施工する。

（7）　管端部の養生にビニルテープを使用した場合には、ビニルテープ部の管を除去してから施工する。

（8）　建物導入部において、異種管と接合する場合、接合部が容易に点検できるように点検用桝を設ける。

　　　なお、点検用桝は標準図（点検口、注油口桝、フレキシブルジョイント桝及び点検ボックス）によることとし、適用は特記による。

2.3.12
架橋ポリエチレン管

（1）　呼び径25以下の配管に適用する。

（2）　管の接合方法は、電気融着接合又はメカニカル接合とする。

　　　なお、接合方法は特記による。

（3）　管の切断は、樹脂管専用カッターを用いて管軸に対して直角に行う。

（4）　電気融着接合は、次による。

　　（ｱ）　管接続部分の外表面を、専用のスクレーパーを用いて切削し、管を継手受口の奥まで確実に挿入し、管の継手受口端部にマーキングする。

　　　　なお、やすり、サンドペーパーで、外表面を切削してはならない。

　　（ｲ）　継手に通電後、継手インジケーターの隆起、マーキングのずれがないことを確認し、接続部に無理な力がかからないよう3分以上養生後、ターミナルピンを切断する。

（5）　メカニカル接合は、継手形式ごとに製造者が規定する施工標準に従い、接合する。

（6）　原則として、床ころがし配管とし、直線部で1,000㎜、曲がり部で300㎜以内に固定する。また、曲り部は、最小曲げ半径以上とするとともに、座屈が生じないよう施工する。

(7)　管の劣化するおそれがある溶剤、油性マーキング、合成樹脂調合ペイント、軟質塩化ビニル（ビニルテープ等）等の可塑剤を含んだ材料と接触させないよう施工する。また、管端部の養生にビニルテープを使用した場合には、ビニルテープ部の管を除去してから施工する。

2.3.13
ポリブテン管

(1)　冷温水管は、呼び径25以下の配管に適用する。

(2)　管の接合方法は、熱融着接合、電気融着接合又はメカニカル接合とする。

なお、接合方法は特記による。

(3)　管の切断は、樹脂管専用カッターを用いて管軸に対して直角に行う。

(4)　熱融着接合は、次による。

　(ｱ)　管端部外面、継手内面をアセトン又はアルコールで清掃後、加熱用ヒーターフェースに継手及び管を同時に挿入後、呼び径ごとに定められた時間加熱する。

　　なお、挿入前に加熱用ヒーターフェースの温度が適用温度に達していることを確認する。

　(ｲ)　融着後、接続部に無理な力がかからないよう30秒以上圧着保持、3分以上放冷し、1時間以上養生する。

(5)　電気融着接合は、次による。

　(ｱ)　管接続部分の外表面を、専用のスクレーパーを用いて切削し、挿入長さ（標線）を管表面に記入し、確実に継手に挿入する。

　　なお、やすり、サンドペーパーで、外表面を切削してはならない。

　(ｲ)　管をクランプで確実に固定した後、専用コントローラで通電する。継手に通電後、継手インジケーターの隆起、標線のずれがないことを確認し、接続部に無理な力がかからないよう呼び径ごとに定められた時間放冷（放冷時間は、呼び径10〜20は3分以上、呼び径25〜65は5分以上、呼び径75は10分以上）し、1時間以上養生する。

(6)　メカニカル接合は、継手形式ごとに製造者が規定する施工標準に従い、接合する。

(7)　管の敷設は、曲り部を最小曲げ半径以上とするとともに、座屈が生じないよう施工する。

(8)　管の劣化するおそれがある溶剤、油性マーキング、合成樹脂調合ペイント、軟質塩化ビニル（ビニルテープ等）等の可塑剤を含んだ材料と接触させないよう施工する。また、管端部の養生にビニルテープ

を使用した場合には、ビニルテープ部の管を除去してから施工する。

2.3.14
コンクリート管

　管の接合は、ソケット接合とし、ゴム輪をスピゴット端部所定の位置にねじれないように挿着し、差込機により受口部の底にスピゴット端部が接するまで差込む。

　なお、滑剤は、ゴム輪に有害なものを使用してはならない。

2.3.15
耐火二層管

接着接合又はゴム輪接合（伸縮継手用）とし、次による。

(ｱ)　管の接合は接着接合とし、受口内面及び差口外面の油脂分等を除去した後、差口外面の標準差込み長さの位置に標線を付ける。次に、受口内面及び差口外面に専用の接着剤を薄く均一に塗布し、速やかに差口を受口に挿入し、標線位置まで差込み、そのまま1分以上保持する。

(ｲ)　伸縮継手はゴム輪接合とし、ゴム輪受口内面及び差口外面のゴミ等を除去した後、差口外面の標準差込み長さの位置に標線を付ける。次に、ゴム輪及び差口外面に専用の滑剤を塗布し、管軸を合わせて標線位置まで挿入する。

(ｳ)　管内の流れの障害となる段違いを生じないようにする。

(ｴ)　伸縮継手の設置箇所は特記による。

(ｵ)　配管後の直管と管継手の接合部は、目地付継手を使用した場合を除き、専用の目地処理材にて処理を行う。

2.3.16
溶接接合
　2.3.16.1
　一般事項

　配管の溶接接合は、労働安全衛生法、高圧ガス保安法（昭和26年法律第204号）、ガス事業法（昭和29年法律第51号）、消防法又はこれらに基づく命令若しくは地方公共団体の条例の規定で配管の溶接接合に関するもの及び本項の規定による。

　2.3.16.2
　適用範囲

本項は、鋼管及びステンレス鋼管に適用する。

　2.3.16.3
　溶接接合方法
　及び品質

(ｱ)　溶接接合方法は、突合せ溶接又はすみ肉溶接によって行う。

(ｲ)　突合せ溶接に当たっては、開先加工又は面取りを適正に行うとともに、ルート間隔を保持することにより、十分な溶込みを確保

する。

(ウ) 突合せ溶接部は、母材の規格による引張強さの最小値（母材が異る場合は最も小さい値）以上の強度を有するものとする。

(エ) すみ肉溶接部は、母材の規格による引張強さの最小値（母材が異る場合は最も小さい値）の$1/\sqrt{3}$以上の強度を有するものとする。

(オ) 溶接部は、溶込みが十分で、かつ、割れ、アンダーカット、オーバーラップ、クレーター、スラグ巻込み、ブローホール等で有害な欠陥があってはならない。

2.3.16.4
溶 接 工

(ア) 自動溶接を行う者は、自動溶接機、溶接方法に十分習熟し、かつ、十分な技量及び経験を有する者で監督職員が認めた者とする。

(イ) 自動溶接を除く溶接工は、次の試験等の技量を有する者又は監督職員が同等以上の技量を有すると認めた者とする。ただし、軽易な作業と監督職員が認め、承諾を得た者については、この限りでない。

　(a) 手溶接の場合は、JIS Z 3801「手溶接技術検定における試験方法及び判定基準」又はJIS Z 3821「ステンレス鋼溶接技術検定における試験方法及び判定基準」

　(b) 半自動溶接の場合は、JIS Z 3841「半自動溶接技術検定における試験方法及び判定基準」

2.3.16.5
溶接作業環境

溶接作業場所は、必要な設備と良好な作業環境を整えなければならない。

なお、溶接作業中は、漏電、電撃、アーク等による人身事故及び火災防止の処置を十分に行う。また、金属をアーク溶接する作業については、屋内及び屋外における作業において、呼吸用保護具（防じんマスク）を着用し、十分な換気を行う。

2.3.16.6
開 先 加 工

(ア) 開先加工は、機械加工又はガス溶断加工とする。

　なお、ガス溶断加工の場合は、手動グラインダー加工等により入念に仕上げる。

(イ) 開先形状及び接合部形状は、標準図（溶接開先形状、溶接接合部形状）による。ただし、自動溶接の場合は、この限りでない。

2.3.16.7
仮 付 け

　㋐　管を突合せ溶接する場合は、受台や吊り用ボルトを利用して芯合わせを行う。また、アダプタ等の治具や金馬等の仮付けピースを用いるか又は突合せ溶接部の直接仮付けにより開先間隔を保持し、管相互の芯ずれがないように入念に仮付けを行う。

　㋑　差込みフランジや差込み継手等を使用してすみ肉溶接を行う場合は、管を所定の位置まで差込み、直角を保持して仮付けを行う。

　㋒　仮付け溶接のために使用した金馬等を取り除くときは、仮付け跡をグラインダー又は溶接で補修する。

　㋓　仮付け溶接は、溶接工によらなくてもよい。ただし、開先に直接仮付け溶接する場合は、溶接工によって行う。

　㋔　仮付け溶接終了後、開先形状確認のため、監督職員の指示に従い、工事写真又は開先寸法記録を残す。ただし、工場溶接にあっては、この限りでない。

　　なお、ここでいう工場溶接とは、専用の溶接設備を用いて適確な品質管理のもとで行う溶接であって、当該加工業者が、溶接部の品質の保証を与えるものをいう。

2.3.16.8
溶 接 材 料

　溶接材料は、母材の種類及び溶接方法により、表2.2.1又はこれと同等以上のものを使用する。

表2.2.1　溶　接　材　料

母材の種類	溶　接　材　料
鋼　　　　管	JIS Z 3211「軟鋼、高張力鋼及び低温用鋼用被覆アーク溶接棒」
	JIS Z 3316「軟鋼、高張力鋼及び低温用鋼のティグ溶接用ソリッド溶加棒及びソリッドワイヤ」
ステンレス鋼管	JIS Z 3321「溶接用ステンレス鋼溶加棒、ソリッドワイヤ及び鋼帯」

2.3.16.9
溶接材料の管理

　溶接材料は、丁寧に取扱い、被覆剤のはく離、汚損、変質、吸湿、さびのあるもの等を使用してはならない。特に、溶接棒の吸湿には注意し、吸湿の疑いがあるものをそのまま使用してはならない。

2.3.16.10
溶 接 方 法

　溶接方法は、被覆アーク溶接、TIG溶接若しくは監督職員の承諾を得た半自動アーク溶接、自動溶接又はそれらの組合せによって行う。

ただし、ステンレス鋼管の場合は、被覆アーク溶接は行わない。

2.3.16.11
溶 接 施 工

(ｱ)　溶接作業は、降雨・降雪時や強風時には行わない。ただし、溶接部が十分に保護され、監督職員の承諾を受けた場合は、作業を行うことができる。また、降雨・降雪や強風の影響を受けない建物内での作業は、この限りでない。

(ｲ)　周囲の気温が0℃以下の場合は、原則として、溶接作業を行わない。ただし、周囲の気温が−15℃以上の場合は、溶接部付近を36℃程度に予熱することにより作業を行ってもよい。

(ｳ)　溶接は、下向き溶接とする。ただし、やむを得ない場合は、下から上への巻き上げ溶接とし、ゆがみや残留応力が最小となる方法及び順序で作業を行ってもよい。

(ｴ)　高セルローズ系又は低水素系溶接棒を使用する場合は、亜鉛めっきを除去する。

(ｵ)　溶接面は、溶接に先立ち、水分、油、スラグ、塗料等溶接の障害となるものを除去する。

(ｶ)　溶接作業に際しては、適切な工具を用い、適切な電圧、電流及び溶接速度で作業を行う。

(ｷ)　溶接後は、溶接部の内外面をワイヤブラシ等で可能な限り清掃し、さび止め塗料又は有機質亜鉛末塗料で溶接面の補修を行う。

2.3.16.12
溶接部の検査

(ｱ)　溶接部は、溶接部全線にわたり目視検査を行い、割れ、アンダーカット、オーバーラップ、クレーター等で有害な欠陥がないものとする。

(ｲ)　溶接部の管外面の余盛りの高さは、3mm以下とする。

(ｳ)　溶接部の非破壊検査の適用、検査の種類及び抜取率は特記によるものとし、抜取率については、特記がなければ、表2.2.2による。
　　なお、ガス配管は、第6編2.2.2「管の接合」による。

(ｴ)　非破壊検査の結果、不合格箇所数が抜取箇所数の5％を超えた場合は、さらに同数を抜き取り、その合計不合格率が5％以内ならば合格とする。
　　なお、不合格の場合は、その群の全溶接部を検査する。

表2.2.2　抜　取　率

溶接部の種類＼検査の種類	種別＼使用圧力	蒸　気　配　管		冷却水、冷温水、消火(水用)及び油配管
		1.0MPa未満	1.0MPa以上	
突合せ溶接部	放射線透過検査(RT)、浸透探傷検査又は磁粉探傷検査(PT又MT)	5%	10%	5%
すみ肉溶接部	浸透探傷検査又は磁粉探傷検査(PT又MT)			

注　工場溶接部については、適用された抜取率の1/5としてもよい。

2.3.16.13
非破壊検査の
適用範囲と判
定基準

(ア)　非破壊検査の適用範囲は、表2.2.3による。

表2.2.3　非破壊検査の適用範囲

非破壊検査の種類	適　用　範　囲
放射線透過検査 (RT)	表2.2.2に示した抜取率の溶接部について、1溶接線につき1枚、放射線透過写真を撮影する。
浸透探傷検査又は磁粉探傷検査 (PT又はMT)	表2.2.2に示した抜取率の溶接部について、その溶接部の外面を全周検査する。

(イ)　放射線透過検査は、JIS Z 3104「鋼溶接継手の放射線透過試験方法」又はJIS Z 3106「ステンレス鋼溶接継手の放射線透過試験方法」による。

なお、判定基準は特記による。

(ウ)　浸透探傷検査又は磁粉探傷検査の判定基準

浸透探傷検査は、JIS Z 2343-1「非破壊試験－浸透探傷試験－第1部：一般通則：浸透探傷試験方法及び浸透指示模様の分類」による染色浸透試験とする。また、磁粉探傷検査は、JIS Z 2320-1「非破壊試験－磁粉探傷試験－第1部：一般通則」により行う。浸透探傷検査又は磁粉探傷検査を実施したものにあっては、次に示す欠陥が表2.2.5に示す合格基準に合格するものとする。

(a)　独立欠陥

独立して存在する欠陥は、次の3種類に分類する。

①　割　　れ　　割れと認められたもの

②　線状欠陥　　割れ以外の欠陥で、その長さが幅の3倍以上のもの

③　円形状欠陥　割れ以外の欠陥で、線状欠陥でないもの

(b)　連続欠陥

　　割れ、線状欠陥及び円形状欠陥が、ほぼ同一直線上に存在し、その相互の距離と個々の長さとの関係から、一つの連続した欠陥と認められるものの欠陥長さは、特に指定がない場合は、欠陥の個々の長さ及び相互の距離を加え合わせた値とする。

(c)　分散欠陥

　　定められた面積の中に存在する1個以上の欠陥である分散欠陥は、欠陥の種類、個数又は個々の長さの合計値によって評価するものとし、一定の領域の面積が2,500㎟の範囲内に、その最大寸法が4㎜以下の線状欠陥、円形状欠陥又は連続欠陥が多数ある場合において、表2.2.4に示す欠陥の種類及び最大寸法に応じた欠陥の個数と点数の積の和で表す。

表2.2.4　分　散　欠　陥

欠陥の種類	最　大　寸　法	点　数
線　状　欠　陥	2mm以下 2mmを超え、4mm以下	3 6
円　形　状　欠　陥	2mm以下 2mmを超え、4mm以下	1 2

表2.2.5　配管溶接部に適用する欠陥合格基準

欠　陥　の　種　類	合　格　基　準
表　面　割　れ	割れによる欠陥がないこと
線状欠陥、円形状欠陥及び連続欠陥	最大4mm以下のもの
分　散　欠　陥	欠陥の積の和が12以下のもの

2.3.16.14
不良溶接の補正

　　溶接部の放射線透過検査、浸透探傷検査及び磁粉探傷検査で不合格となった溶接部は、欠陥をグラインダー等を使用して除去し、必要な場合には再溶接を行い、その部分について再度非破壊検査を行い、合格しなければならない。

2.3.17
異種管の接合
　2.3.17.1
　鋼管と鋳鉄管

　　鋼管と鋳鉄管を接合する場合は、GS継手を用いるものとし、GS継手と鋳鉄管はメカニカル接合、GS継手と鋼管はねじ接合とする。

　　なお、接合要領は、標準図（異種管の接合要領）による。

2.3.17.2
鋼管とステンレス鋼管、銅管と鋼管

鋼管とステンレス鋼管又は銅管と鋼管を接合する場合は、絶縁フランジ接合とし、接合要領は特記による。

なお、特記がない場合は、標準図（異種管の接合要領）による。

第4節　勾配、吊り及び支持

2.4.1
一般事項

(1) 機器廻りの配管は、地震時等に加わる過大な力、機器の振動、管内流体の脈動等による力を抑えるために、次の固定又は支持を行う。

(ｱ) 冷凍機、ポンプ等に接続する呼び径100以上の配管は、床より形鋼で固定する。

(ｲ) 呼び径80以下の配管、空気調和機及びタンク類に接続する配管は、形鋼振れ止め支持とする。

なお、施工要領は、標準図(機器廻り配管吊り及び支持要領(一)、機器廻り配管吊り及び支持要領（二）)による。

(2) ステンレス鋼管及び銅管の支持及び固定に鋼製又は鋳鉄製の金物を使用する場合は、合成樹脂を被覆した支持及び固定金具を用いるか、ゴムシート又は合成樹脂の絶縁テープ等を介して取付ける。

なお、合成樹脂が破損しないように、締付ける。

(3) 屋上配管の支持は、防水層に支障のないよう施工する。

なお、支持要領は、標準図（屋上配管支持施工要領）による。

(4) インサート金物は、吊り用ボルトに対し、適正なサイズのものを選定する。

2.4.2
勾配

(1) 給水管、給湯管、消火管（ガス系消火管を除く。）、冷却水管、冷温水管、ブライン管、高温水管及び油管の場合は、水抜き及び空気抜きが容易に行えるように適切な勾配を確保する。

(2) 屋内横走り排水管の勾配は、原則として、呼び径65以下は最小1/50、呼び径75、100は最小1/100、呼び径125は最小1/150、呼び径150以上は最小1/200とする。また、通気管は、全ての立て管に向って上り勾配をとり、いずれも逆勾配又は凸凹部のないようにする。

(3) 蒸気給気管は、原則として、先下り配管で、勾配は1/250とし、先上がりの場合は1/80とする。また、蒸気還管は、先下り配管とし、勾配は1/200〜1/300とする。

(4)　ドレン管の勾配は、原則として、1/100以上とする。

2.4.3
吊り及び支持

　配管の吊り、支持等は、横走り配管にあっては吊り金物による吊り及び形鋼振れ止め支持、立て管にあっては形鋼振れ止め支持及び固定とし、表2.2.6及び表2.2.7により行うほか、形鋼振れ止め支持を行う横走り主管の末端部に形鋼振れ止め支持を行う。ただし、壁貫通等で振れを防止できる場合は、貫通部及び吊りをもって振れ止め支持とみなしてもよい。

　なお、施工要領は、標準図（配管の吊り金物・形鋼振れ止め支持要領（一）、配管の吊り金物・形鋼振れ止め支持要領（二）、立て管の固定要領）による。

表2.2.6　横走り管の吊り及び振れ止め支持間隔

分　類	呼び径	15	20	25	32	40	50	65	80	100	125	150	200	250	300
吊り金物による吊り	鋼　管　及　び　ステンレス鋼管		2.0m以下									3.0m以下			
	ビ ニ ル 管、耐火二層管及びポリエチレン管		1.0m以下									2.0m以下			
	銅　　　　　　管		1.0m以下									2.0m以下			
	鋳　　鉄　　管		標準図（鋳鉄管の吊り要領）による。												
	ポ リ ブ テ ン 管	0.6m以下	0.7m以下		1.0m以下		1.3m以下		1.6m以下		—				
形鋼振れ止め支持	鋼管、鋳鉄管及びステンレス鋼管		──			8.0m以下					12m以下				
	ビニル管、耐火二層管、ポリエチレン管及びポリブテン管	—	6.0m以下			8.0m以下					12m以下				
	銅　　　　　　管	—	6.0m以下			8.0m以下					12m以下				

注　1.　鋼管及びステンレス鋼管の横走り管の吊り用ボルトの径は、配管呼び径100以下は呼称M10又は呼び径9、呼び径125以上200以下は呼称M12又は呼び径12、呼び径250以上は呼称M16又は呼び径16とする。ただし、吊り荷重により吊り用ボルトの径を選定してもよい。
　　2.　電動弁等の重量物及び可とう性を有する継手（排水鋼管用可とう継手、ハウジング形管継手等）を使用する場合は、表2.2.20のほか、その直近で吊る。曲部及び分岐箇所は、必要に応じて支持する。
　　3.　ハウジング形管継手で接合されている呼び径100以上の配管は、吊り材長さが400mm以下の場合、吊り材に曲げ応力が生じないように、吊り用ボルトに替えてアイボルト、鎖等を使用して吊る（可動式のみ、固定式は除く。）。

4.　蒸気管の横走り管を、形鋼振れ止め支持により下方より支持する場合には、ローラ金物等を使用する。

5.　蒸気管の横走り管は、伸縮管継手と固定点との中間に標準図（伸縮管継手の固定及びガイド・座屈防止用形鋼振れ止め支持施工要領）による座屈防止用形鋼振れ止め支持を設ける。

6.　鋼管、鋳鉄管及びステンレス鋼管の呼び径40以下、ビニル管、耐火二層管、ポリエチレン管、ポリブテン管及び銅管の呼び径20以下の管の形鋼振れ止め支持は不要とし、必要な場合の支持間隔は特記による。

7.　冷媒用銅管の横走り管の吊り金物間隔は、銅管の基準外径が9.52mm以下の場合は1.5m以下、12.70mm以上の場合は2.0m以下とし、形鋼振れ止め支持間隔は銅管に準ずる。ただし、液管・ガス管共吊りの場合は、液管の外径とするが、液管25mm未満の形鋼振れ止め支持間隔は、ガス管の外径による。また、冷媒管と制御線を共吊りする場合は、支持部で制御線に損傷を与えないようにする。

表2.2.7　立て管の固定及び振れ止め箇所

固　定	鋼管及びステンレス鋼管	最下階の床又は最上階の床
	鋳　鉄　管	最下階の床
形鋼振れ止め支持	鋼管及びステンレス鋼管	各階1箇所
	鋳　鉄　管	各階1箇所
	ビニル管、耐火二層管及びポリエチレン管	各階1箇所
	銅　管	各階1箇所

注　1.　呼び径80以下の配管の固定は不要としてもよい。
　　2.　鋼管及びステンレス鋼管で、床貫通等により振れが防止されている場合は、形鋼振れ止め支持を3階ごとに1箇所としてもよい。
　　　　なお、排水用可とう継手を使用する場合は、最下階に1箇所設ける。
　　3.　耐火二層管の立て管に伸縮継手を取付ける場合で伸縮継手直下に床貫通の振れ止め支持がされている場合は、伸縮継手の形鋼振れ止め支持の固定と共用してもよい。
　　4.　各階を貫通する冷媒用銅管の立て管は、立て管長の中間部で1箇所固定する。

第5節　地中配管

2.5.1
一　般　事　項

(1)　管を埋設する部分の舗装等のはつり及び復旧工事の施工範囲及び舗装仕様は、特記による。

(2)　埋設部分の既設配管接続では、土砂等が混入しないように周辺の養生及び整備を適切に行う。

(3)　既設地中配管の経路が不明な場合は、監督職員と協議の上、試験掘を行う。

⑷　新設配管経路に埋設物等の障害が生じた場合は、監督職員と協議し、経路変更を行う。

⑸　地盤対策が必要な場合は特記による。

⑹　植栽・芝生・舗装・石貼・タイル等の移植及び撤去、復旧並びに再利用品等は特記による。

⑺　構内作業に伴う、開削穴・マンホール開口部等は、作業員以外の者が容易に近づいて墜落等の事故を起こさないように十分な防護処置を講ずる。

⑻　給水管と排水管が平行して埋設される場合には、原則として、両配管の水平実間隔を500㎜以上とし、かつ、給水管は排水管の上方に埋設するものとする。また、両配管が交差する場合も、給水管は排水管の上方に埋設する。

⑼　鋼管類を地中配管する場合は、2.5.3「防食処置」による防食処置を行う。

⑽　コンクリート類に埋設する熱伸縮を伴う管は、それを妨げない処置を行う。

⑾　油管の地中配管で、ねじ接合を行う場合には、継手に、標準図（点検口、注油口桝及びフレキシブルジョイント桝）に示すコンクリート製の点検口桝を設ける。

⑿　コンクリート管以外の管を地中埋設とする場合は、管及び被覆樹脂に損傷を与えないよう山砂の類で管の周囲を埋戻した後、掘削土の良質土で埋戻す。

⒀　排水管として、コンクリート管又はビニル管を埋設する場合は、呼び径300以下の場合は根切り底を管の下端より100㎜程度、呼び径300を超える場合は管の下端より150㎜程度深く根切りをし、切込み砕石、切込み砂利又は山砂の類をやりかたにならい敷き込み、突き固めた後、管をなじみ良く布設する。

　　なお、継手箇所は、必要に応じて増し掘りをする。

　　埋戻しは、管が移動しないように管の中心線程度まで埋戻し、十分充填した後、所定の埋戻しを行う。

⒁　埋設給水本管の分岐、曲り部等の衝撃防護措置は特記による。

⒂　屋外地中配管の分岐及び曲り部には、標準図（地中埋設標）による地中埋設標を設置する。

　　なお、設置箇所は特記による。

⒃　管を埋戻す場合は、土被り150㎜程度の深さに埋設表示用アルミテープ又はポリエチレンテープ等を埋設する。ただし、排水管は除く。

⒄　根切り、埋戻し、建設発生土の処理等は、7.1.1「一般事項」の当該事項による。

2.5.2
埋 設 深 さ

　　管の地中埋設深さは、車両道路では管の上端より600mm以上、それ以外では300mm以上とする。ただし、寒冷地では凍結深度以上とする。

2.5.3
防 食 処 置

(1)　地中埋設の鋼管類（排水配管の鋼管類及び合成樹脂等で外面を被覆された部分及びステンレス鋼管（SUS316）は除く。）には、標準仕様書第2編2.2.30「防食材」による防食処理を次により行う。

(ア)　ペトロラタム系を使用する場合は、汚れ、付着物等の除去を行い、プライマーを塗布し、防食テープを1/2重ね1回巻きの上、プラスチックテープを1/2重ね1回巻きとする。継手等のように巻きづらいものは、凹部分にペトロラタム系のマスチックを詰め、表面を平滑にした上で、防食シートで包み、プラスチックテープを1/2重ね1回巻きとする。

(イ)　ブチルゴム系を使用する場合は、汚れ、付着物等の除去を行い、プライマーを塗布し、絶縁テープを1/2重ね2回巻きとする。継手等のように巻きづらいものは、凹部分にブチルゴム系のマスチックを詰め、表面を平滑にした上で、絶縁シートで包み、さらにプラスチックテープのシート状のもので覆い、プラスチックテープを1/2重ね1回巻きとする。

(ウ)　熱収縮チューブ及び熱収縮シートを使用する場合は、汚れ、付着物等の除去を行い、チューブは1層、シートは2層重ねとし、プロパンガスバーナーで均一に加熱収縮させる。

(2)　油管の地中配管は、「危険物の規制に関する技術上の基準の細目を定める告示」（昭和49年自治省告示第99号）第3条の規定による塗覆装若しくはコーティング又はこれと同等以上の防食効果のある材料・方法で所轄消防署が承認したもので防食措置を行う。

第6節　貫通部の処理

2.6.1
一 般 事 項

(1)　建築基準法施行令（昭和25年政令第338号）第112条第20項に規定する準耐火構造等の防火区画等を不燃材料の配管が貫通する場合は、その隙間をモルタル又はロックウール保温材で充填する。また、不燃材料以外の配管が防火区画等を貫通する場合は、建築基準法令に適合する工法とする。

　　なお、施工要領は、標準図（配管の防火区画貫通部施工要領）による。

(2)　保温を行わない配管で、天井、床、壁等を貫通する見え掛り部には、管座金を取付ける。

(3)　外壁を貫通する配管とスリーブとの隙間は、バックアップ材等を充填しシーリング材によりシーリングし、水密を確保する。

(4)　外壁の地中部分で水密を要する部分のスリーブは、つば付き鋼管とし、配管はスリーブと触れないように施工する。

第7節　試　　験

2.7.1 一 般 事 項

(1)　2.7.2「冷温水、冷却水、蒸気、油、ブライン、高温水及び冷媒配管」以降は、新設配管に適用する。

(2)　新設配管の試験は、既設配管との接続前に行う。

(3)　既設配管との接続部等、既設配管を含む部分の試験方法及び試験圧力は特記による。また、特記により、システム全体の試験を行う場合は、既設配管及び機器に損傷を与えないよう十分に調査する。

　　なお、規定圧力まで昇圧することができない場合は、直ちに試験を中止し、監督職員と協議する。

(4)　給水・給湯等の飲料用配管は、水質検査を行い、検査結果を監督職員に提出する。

(5)　排水管において部分改修の場合は、監督職員と協議し、通水試験等を行う。

2.7.2 冷温水、冷却水、蒸気、油、ブライン、高温水及び冷媒配管

次の圧力値による耐圧試験を行う。

なお、保持時間は、冷媒管を除き、最小30分とする。

(ア)　蒸気管及び高温水管は水圧試験とし、最高使用圧力の2倍の圧力（その値が0.2MPa未満の場合は0.2MPa）とする。

(イ)　油管は空気圧試験とし、最大常用圧力の1.5倍の圧力とする。

(ウ)　水配管は水圧試験とし、最高使用圧力の1.5倍の圧力（その値が0.75MPa未満の場合は0.75MPa）とする。

(エ)　ブライン管は水圧試験とし、最高使用圧力の1.5倍の圧力（その値が0.75MPa未満の場合は、0.75MPa）とする。

(オ)　冷媒管は配管接続完了後、高圧ガス保安法、フロン排出抑制法、「冷凍保安規則関係例示基準」、「冷凍空調装置の施設基準」（高圧ガス保安協会）等に定めるところにより、窒素ガス、炭酸ガス又は乾燥空気等を用いて気密試験を行う。気密試験後は、全系統の高真空蒸発脱水処理を行う。また、電気配線が機器附属の場合は、

配線完了後に動作試験を行う。

2.7.3
給水及び給湯配管

(1)　給水管は、次の圧力値による水圧試験を行う。

なお、圧力は配管の最低部におけるもので、保持時間は最小60分とする。

(ア)　給水装置に該当する管は、1.75MPa以上（ポリエチレン管は製造者の規定による。）とする。ただし、水道事業者の試験圧力の規定がある場合には、それによる。

(イ)　揚水管は、当該ポンプの全揚程に相当する圧力の2倍の圧力（ただし、最小0.75MPa）とする。

(ウ)　高置タンク以下の配管は、静水頭に相当する圧力の2倍の圧力（ただし、最小0.75MPa）とする。

(エ)　水道直結増圧方式の配管は、水道事業者の規定による。

(2)　飲料水以外の給水管は、誤接続がないことを確認するため衛生器具等の取付け完了後、系統ごとに着色水を用いた通水試験等を行う。

(3)　給湯管は、(1)による。

2.7.4
排水及び通気配管

(1)　排水管は、満水試験を行い、衛生器具等の取付け完了後、通水試験を行う。また、ドレン管は、通水試験を行う。

なお、保持時間は、満水試験にあっては最小30分以上とする。

(2)　排水ポンプ吐出し管は、2.7.3「給水及び給湯配管」(1)による。

2.7.5
消　火　配　管

試験は、次によるほか、「消防用設備等の試験基準の全部改正について」（平成14年消防予第282号）に基づく外観試験及び性能試験を行う。

(ア)　水配管は、次の圧力値による水圧試験を行う。

なお、保持時間は、最小60分とする。

(a)　各消火ポンプに連結される配管は、当該ポンプの締切圧力の1.5倍の圧力とする。

(b)　連結送水管送水口等、各種送水口に連結される配管は、配管の設計送水圧力（ノズル先端における放水圧力が0.6MPa（消防長又は消防署長が指定する場合にあっては、当該指定放水圧力）以上になるように送水した場合の送水口における圧力をいう。）の1.5倍の圧力とし、(ア)と兼用される配管は、(ア)、(イ)いずれか大なる圧力とする。

(イ)　不活性ガス消火配管、ハロゲン化物消火配管及び粉末消火配管

は、配管完了後、空気又は窒素ガスにより、次の圧力値による気密試験を行う。

なお、保持時間は最小10分とする。

(a) 不活性ガス消火配管及びハロゲン化物消火配管の圧力値は、次による。

① 不活性ガス消火配管の場合の貯蔵容器から選択弁までの配管は、40℃における貯蔵容器内圧力値とする。ただし、容器弁に圧力調整装置が設けられている場合は、圧力調整装置の最高調整圧力とする。

② ハロゲン化物消火配管の場合の貯蔵容器から選択弁までの配管は、40℃における貯蔵容器内圧力値とし、FK-5-1-12を貯蔵するものにあっては4.4MPa、ハロン1301を貯蔵するものにあっては5.2MPaとする。

③ 選択弁から噴射ヘッドまでの配管は、最高使用圧力（初期圧力降下計算を行った結果得られた値。以下同じ。）とする。

④ 選択弁を設けない場合、貯蔵容器から噴射ヘッドまでの配管は、最高使用圧力とする。

(b) 二酸化炭素消火配管の圧力値は、次による。

① 貯蔵容器から選択弁までの配管は、6.0MPaとする。

② 選択弁から噴射ヘッドまでの配管は、最高使用圧力（初期圧力降下計算を行った結果得られた値。以下同じ。）とする。

③ 選択弁を設けない場合、貯蔵容器から噴射ヘッドまでの配管は、最高使用圧力とする。

(c) 粉末消火配管の圧力値は、次による。

① 貯蔵容器から選択弁までの配管は、圧力調整器の設定圧力とする。

② 選択弁から噴射ヘッドまでの配管は、最高使用圧力（初期圧力降下計算を行った結果得られた値。以下同じ。）とする。

③ 選択弁を設けない場合、貯蔵容器から噴射ヘッドまでの配管は、最高使用圧力とする。

第8節　撤　　去

2.8.1
一　般　事　項

　第1編第4章「撤去」及び第5章「発生材の処理等」の当該事項によるほか、特記による。

2.8.2
既設配管の撤去

(1) 既設配管の撤去範囲は特記による。ただし、その位置で不具合が生じた場合又は接続が不可能若しくは危険と判断される場合は、監督職員と協議する。

(2) 配管の切断・切離しをする前に、既設バルブで確実に止水できることを確認する。

(3) 止水後、水栓や水抜きバルブより水抜きを行い、管内容物を確実に排出したことを確認した後、管の切断・切離しを行う。

　なお、管内容物を完全に排出できない場合は、監督職員と協議する。

(4) 止水したバルブには、「閉」・「操作厳禁」の表示を行う。また、撤去する配管が接続している機器・器具には、「使用禁止」の表示を行う。

(5) 配管切断位置に分岐バルブがない場合又は既設バルブで確実に止水できない場合は、監督職員と協議する。

(6) 配管を切断する場合は、原則として、火を使わない工法又は工具を使用する。

(7) 配管を切断する場合は、保温材等を撤去し、電線等他の材料に影響を及ぼさないことを確認する。

(8) 給水、給湯等の飲料水系統の配管の場合は、水質汚染に十分注意する。

(9) 既設配管切断後、施工を一時休止する場合は、既設配管内への異物の混入防止、漏水や臭気の発生防止のための措置として、既設配管端部をエンドキャップ、閉止フランジ、プラグ等で適切に閉止する。また、誤接続防止のための措置として、配管の用途を表示する。

(10) 既設配管の機能のみを停止し、管を現状のまま残置する場合は、管内容物を排出したことを確認し、既設配管端部をエンドキャップ、閉止フランジ、プラグ等で閉塞処置を行うとともに「機能停止」の表示を行う。

(11) 燃料配管を撤去する場合は、撤去に先立ち、廃油の回収を行うとともに、内部の洗浄を行う。また、撤去に際しては、火気の使用を禁止する。

　なお、廃油の回収方法及び内部の洗浄方法は、第1編5.1.2「産業廃棄物等」(4)による。

2.8.3
既設配管の搬出

撤去する配管は、搬出に支障のない長さに切断する。

第3章　保温、塗装及び防錆工事

第1節　保温工事

3.1.1
材　　　料

　保温工事における材料は、標準仕様書第2編第3章第1節「保温工事」による。

3.1.2
施　　　工

(1)　保温の厚さは、保温材主体の厚さとし、外装及び補助材の厚さは、含まないものとする。

(2)　保温材相互の間隙は、できる限り少なくし、重ね部の継目は同一線上を避けて取付ける。

(3)　ポリスチレンフォーム保温筒は、合わせ目を全て粘着テープで止め、継目は、粘着テープ2回巻きとする。
　　なお、継目間隔が600mm以上1,000mm以下の場合は、中間に1箇所粘着テープ2回巻きを行う。

(4)　鉄線巻きは、原則として、帯状材の場合は50mmピッチ（スパイラルダクトの場合は150mmピッチ）以下にらせん巻き締め、筒状材の場合は1本につき2箇所以上、2巻き締めとし、ロックウールフェルト及び波形保温板の場合は、1枚につき500mm以下に1箇所以上、2巻き締めとする。

(5)　アルミガラスクロス化粧保温帯、アルミガラスクロス化粧ロックウールフェルト、アルミガラスクロス化粧保温筒及びアルミガラスクロス化粧波形保温板は、合わせ目及び継目を全てアルミガラスクロス粘着テープで貼り合わせ、筒は継目間隔が600mm以上1,000mm以下の場合は中間に1箇所アルミガラスクロス粘着テープ2回巻きとし、スパイラルダクトへの保温帯、フェルト、波形保温板の取付けは、1枚が600mm以上1,000mm以下の場合は、1箇所以上アルミガラスクロス粘着テープ2回巻きとする。

(6)　テープ巻きその他の重なり幅は、原則として、テープ状の場合は15mm以上（ポリエチレンフィルムの場合は1/2重ね以上）、その他の場合は30mm以上とする。

(7)　テープ巻きは、配管の下方より上向きに巻き上げる。アルミガラスクロス巻き等で、ずれるおそれのある場合には、粘着テープ等を用いてずれ止めを行う。

(8)　アルミガラスクロス化粧原紙の取付けは、30mm以上の重ね幅とし、

　　　合わせ目は150㎜以下のピッチでステープル止めを行う。合わせ目
　　　及び継目を全てアルミガラスクロス粘着テープで貼合わせる。
⑼　アルミガラスクロス化粧保温筒のワンタッチ式（縦方向の合わせ
　　目に貼り合わせ用両面粘着テープを取付けたもの。）の合わせ目は、
　　接着面の汚れを十分に除去した後に貼合わせる。
⑽　合成樹脂製カバー1の取付けは、重ね幅は25㎜以上とし、直管方
　　向の合わせ目を両面テープで貼合せた後、150㎜以下のピッチで、
　　合成樹脂製カバー用ピンで押さえる。立て管部は、下からカバーを
　　取付け、ほこり溜まりのないよう施工する。
⑾　合成樹脂製カバー2の取付けは、合成樹脂製シート端部の差込み
　　ジョイナーに、ボタンパンチを差し込んで接合し、エルボ部分と直
　　管部分の継目は、シーリングを行う。立て管部は、下からカバーを
　　取付け、ほこり溜まりのないよう施工する。
⑿　金属板巻きは、管の場合ははぜ掛け又はボタンパンチはぜ、曲り
　　部はえび状又は整形カバーとし、長方形ダクト及び角形タンク類は
　　はぜ掛け、継目は差込みはぜとする。丸形タンクは、差込みはぜと
　　し、鏡部は放射線形に差込みはぜとする。
　　　なお、タンク類は、必要に応じて、重ね合わせの上、ビス止めと
　　してもよい。屋外及び屋内多湿箇所の継目は、シーリング材等によ
　　りシールを施す。
　　　シーリング材を充填する場合は、油分、じんあい、さび等を除去
　　してから行う。また、温度、湿度等の気象条件が充填に不適なとき
　　は作業を中止する。
⒀　鋲の取付数は、原則として、300㎜角当たりに1個以上とし、全
　　ての面に取付ける。
　　　なお、絶縁座金付銅製スポット鋲以外の場合は、鋲止め用平板（座
　　金）を使用する。
⒁　屋内露出の配管及びダクトの床貫通部は、その保温材保護のため、
　　床面より少なくとも高さ150㎜までステンレス鋼板で被覆する。た
　　だし、外装材にカラー亜鉛鉄板等の金属板を使用する場合を除く。
　　　蒸気管等が壁、床等を貫通する場合には、その面から25㎜以内
　　は保温を行わない。
⒂　屋内露出配管の保温見切り箇所には、菊座を取付ける。
⒃　保温の見切り部端面は、使用する保温材及び保温目的に応じて必
　　要な保護を行う。
⒄　保温を必要とする機器の扉、点検口等は、その開閉に支障がなく、
　　保温効果を減じないように施工する。
⒅　絶縁継手廻り（絶縁フランジを含む。）は、金属製のラッキング
　　を行ってはならない。

⒆　グラスウール保温板（32K）をスパイラルダクトへ取付ける場合は、保温厚さが復元した後に行い、鉄線巻きは150mmピッチ以下にらせん巻き締めし、500mm以下に1箇所以上、2巻き締めとする。

なお、鉄線の締めすぎに注意する。

⒇　アルミガラスクロス化粧グラスウール保温板（32K）をスパイラルダクトへ取付ける場合は、保温厚さが復元した後に行い、合わせ目及び継ぎ目を全てアルミガラスクロス粘着テープで貼合わせ、1枚が600mm以上1,000mm以下の場合は1箇所以上アルミガラスクロス粘着テープ2回巻きとする。

なお、アルミガラスクロス粘着テープの締めすぎに注意する。

3.1.3
空気調和設備工事及び衛生設備工事の保温

　空気調和設備工事及び衛生設備工事の保温の種別、材料、施工順序及び厚さは特記によるほか、標準仕様書第2編第3章第1節「保温工事」による。

第2節　塗装及び防錆工事

3.2.1
塗　　　装
　3.2.1.1
　一　般　事　項

　塗装は、次の事項及び各編で定める事項のほか、「公共建築工事標準仕様書（建築工事編）」（以下「標準仕様書（建築工事編）」という。）18章「塗装工事」による。

(a)　本節で規定する塗料を屋内で使用する場合のホルムアルデヒド放散量は、JIS等の材料規格において放散量が規定されている場合、特記がなければ、F☆☆☆☆とする。

(b)　塗装を適用する箇所は各編によるほか、特記による。

　　　なお、塗装仕様は、3.2.1.4「塗装」によるものとする。

(c)　塗料は、原則として、調合された塗料をそのまま使用する。ただし、素地面の粗密、吸収性の大小、気温の高低等に応じて、塗装に適する粘度に調節することができる。

(d)　仕上げの色合いは、見本帳又は見本塗り板を監督職員に提出し、承諾を受ける。

(e)　各塗装工程の工程間隔時間及び最終養生時間は、材料の種類、気象条件等に応じて適切に定める。

(f)　工場塗装を行ったもので、工事現場搬入後に損傷した箇所は直ちに補修する。

(g)　検査を要するものの塗装は、当該部分の検査の終了後に施工する。やむを得ず検査前に塗装を必要とするときは、事前に監督職員の承諾を受ける。

(h)　塗装面、その周辺、床等に汚損を与えないように注意し、必要に応じて、あらかじめ塗装箇所周辺に適切な養生を行う。

(i)　塗装作業環境は、次による。

①　塗装場所の気温が5℃以下、湿度が85%以上、換気が十分でなく結露する等、塗料の乾燥に不適当な場合は、原則として、塗装を行ってはならない。

②　外部の塗装は、降雨のおそれのある場合及び強風時には、原則として、行ってはならない。

③　塗装を行う場所は、換気に注意して、溶剤による中毒を起こさないようにする。

④　火気に注意し、爆発、火災等の事故を起こさないようにする。また、塗料をふき取った布、塗料の付着した布片等は、自然発火を起こすおそれがあるので、作業終了後速やかに処置する。

3.2.1.2
素地ごしらえ

塗装を施す素地ごしらえは、表2.3.1による。

表2.3.1　塗装を施す素地ごしらえ

用　　途		工　程　順　序	処　理　方　法
ラッカー又はメラミン焼付けを施す鉄面	1	汚れ、付着物及び既存塗膜の除去	スクレーパー、ワイヤブラシ等
	2	油　類　の　除　去	①揮発油ぶき　②弱アルカリ性液加熱処理湯洗い　③水洗い
	3	さ　び　落　し	酸洗い（①酸づけ　②中和　③湯洗い）等
	4	化　学　処　理	①りん酸塩溶液浸漬処理　②湯洗い
合成樹脂調合ペイント塗り等を施す鉄面	1	さび、汚れ、付着物及び既存塗膜の除去	スクレーパー、ワイヤブラシ等
	2	油　類　の　除　去	揮発油ぶき
合成樹脂調合ペイント塗り等を施す亜鉛めっき面	1	汚れ、付着物及び劣化膜の除去	スクレーパー、ワイヤブラシ等
	2	油　類　の　除　去	揮発油ぶき

3.2.1.3
塗　料　種　別

(ア)　特記がなければ、合成樹脂調合ペイント塗りの塗料は、JIS K

5516「合成樹脂調合ペイント」の1種とし、アルミニウムペイント塗りの塗料は、JIS K 5492「アルミニウムペイント」とする。

(イ)　さび止め塗料の種別は、表2.3.2による。

表2.3.2　さび止め塗料の種別

塗装箇所	さ　び　止　め　塗　料　そ　の　他		
	規格番号	規　格　名　称	規格種別
亜鉛めっき以外の鉄面	JIS K 5621	一般用さび止めペイント	2種 4種
	JASS 18 M-111	水系さび止めペイント	——
	JIS K 5674	鉛・クロムフリーさび止めペイント	1種 2種
亜鉛めっき面	JPMS 28	一液形変性エポキシ樹脂さび止めペイント	——
	JASS 18 M-109	変性エポキシ樹脂プライマー（変性エポキシ樹脂プライマー及び弱溶剤系変性エポキシ樹脂プライマー）	——

注　JIS K 5621「一般用さび止めペイント」及びJASS 18 M-111「水系さび止めペイント」は、屋内のみとする。

3.2.1.4
塗　　装

各塗装箇所の塗料の種別及び塗り回数は、原則として、表2.3.3による。ただし、記載のないものについては、その用途、材質、状態等を考慮し、類似の項により施工する。

なお、機器及び盤類は、製造者の標準仕様とする。

表2.3.3　各塗装箇所の塗料の種別及び塗り回数

設備区分	塗　装　箇　所		塗料の種別	塗り回数			備　　考
	機　材	状　態		下塗り	中塗り	上塗り	
共通	支持金物及び架台類（亜鉛めっきを施した面を除く。）	露出	合成樹脂調合又はアルミニウムペイント	2	1	1	下塗りは、さび止めペイント
		隠ぺい	さび止めペイント	2	—	—	
	保温される金属下地	——	さび止めペイント	2	—	—	亜鉛めっき部を除く
	タンク類	外　面	合成樹脂調合ペイント	2	1	1	下塗りは、さび止めペイント
	鋼管及び継手(黒管)	露出	合成樹脂調合ペイント	2	1	1	下塗りは、さび止めペイント
		隠ぺい	さび止めペイント	2	—	—	

共通	鋼管及び継手（白管）	露　出	合成樹脂調合ペイント	1	1	1	下塗りは、さび止めペイント
	蒸気管及び同用継手（黒管）	露　出	アルミニウムペイント	2	1	1	下塗りは、さび止めペイント
		隠ぺい	さび止めペイント	2	—	—	
	煙突及び煙道	——	耐　熱　塗　料	2	1	1	断熱なし。下塗りは、耐熱さび止めペイント
		——	耐熱さび止めペイント	2	—	—	断熱あり
空気調和	ダ　ク　ト（亜鉛鉄板製）	露　出	合成樹脂調合ペイント	1	1	1	下塗りは、さび止めペイント
		内　面	合成樹脂調合ペイント（黒、つやけし）	—	1	1	室内外より見える範囲
	ダ　ク　ト（鋼板製）	露　出	合成樹脂調合ペイント	2	1	1	下塗りは、さび止めペイント
		隠ぺい	さび止めペイント	2	—	—	
		内　面	さび止めペイント	2	—	—	

注　1.　耐熱塗料の耐熱温度は、ボイラー用では400℃以上のものとする。
　　2.　さび止めペイントを施す面で、製作工場で浸漬等により塗装された機材は、搬入、溶接等により塗装のはく離した部分は、さび止めを考慮した補修を行った場合は、さび止めを省略することができる。

3.2.2 防　錆

3.2.2.1 一般事項

　　各編で本項を指定したもの及び特記により指定された「防錆」の方法は、本項による。

3.2.2.2 防錆前処理

　　防錆処理（埋設配管で、防食テープ等による防食処置を行う部分を除く。）を施す金属面は、JIS Z 0313「素地調整用ブラスト処理面の試験及び評価方法」による「目視による洗浄度の評価」の除錆度の評価Sa 2 1/2（拡大鏡なしで、表面には目に見えるミルスケール、さび、塗膜、異物、油、グリース及び泥土がなく、残存する全ての汚れはその痕跡が斑点又はすじ状の僅かな染みとなって認められる程度）以上のブラスト仕上げの前処理を行う。ただし、有機質亜鉛末塗料による場合は除く。

| 3.2.2.3
エポキシ樹脂
ライニング | ㈠　エポキシ樹脂塗料は、エポキシ基2個以上を有するエポキシ樹脂に所要の硬化剤及び充填剤を添加したものとする。また、飲料用の機器等の場合は、硬化した皮膜は、「食品、添加物等の規格基準」（昭和34年厚生省告示第370号）に規定する試験に適合するものとする。
㈡　ライニングは、防錆前処理を行った後に施し、乾燥方法は加熱硬化又は常温硬化により、完全に硬化させる。
㈢　加熱硬化による乾燥を行う場合の温度及び時間は、100℃以上で4時間以上とする。
㈣　タンク内面に施す皮膜厚さは、0.4㎜以上とする。 |

3.2.2.4
溶融亜鉛めっき

めっきは、JIS H 8641「溶融亜鉛めっき」によるものとし、めっきの種類は、各編による。

3.2.2.5
電気亜鉛めっき

めっきは、JIS H 8610「電気亜鉛めっき」の2級とし、クロメートフリー処理を施したものとする。

なお、本項は屋内に使用する鋼材の防錆処理に適用する。

3.2.2.6
溶融アルミニウムめっき

めっきは、JIS H 8642「溶融アルミニウムめっき」の2種とする。

3.2.2.7
有機質亜鉛末塗料

有機質亜鉛末塗料は、JIS K 5553「厚膜形ジンクリッチペイント」とする。

第4章　はつり及び穴開け

第1節　一般事項

4.1.1
共　通　事　項

(1)　施工時間は、第1編1.3.3「施工条件」による。
(2)　はつり作業を行う場合は、埋設配管等に損傷を与えないよう行う。
　　なお、放射線透過検査等による埋設物の調査を行う場合は特記に

よる。

(3)　電動ドリル等の刃が鉄筋、金属配管等に接触した場合に、自動で電動工具の電源を遮断する装置を使用する。

(4)　特記以外の場所を施工する場合は、監督職員と協議する。

4.1.2
非 破 壊 検 査

放射線透過検査は、特記により行うものとし、労働安全衛生法、「電離放射線障害防止規則」（昭和47年労働省令第41号）等に定めるところによるほか、次による。

(ア)　作業主任者は、エックス線作業主任者の資格を有する者とし、資格を証明する資料を監督職員に提出する。

(イ)　放射線照射量は最小限のものとし、照射中は人体に影響のない程度まで照射器より離れる。また、作業者以外の立入り禁止措置を講ずる。

(ウ)　露出時間は、コンクリートの厚さ等により、適宜調整する。

(エ)　付近にフィルム、磁気ディスク等放射線の影響を受けるものの有無を確認する。

(オ)　躯体の墨出しは、表裏でズレがないよう措置を講ずる。

4.1.3
穴開け及び補修

(1)　既存のコンクリート床、壁等の配管貫通部の穴開けは、原則として、ダイヤモンドカッターによる。

なお、貫通場所、口径等は特記による。

(2)　ダイヤモンドカッターを使用する場合は、ノロ、ガラ、発生水等の処理及び養生を確実に行う。

(3)　穴開け完了後の貫通穴の確認及び必要により養生を確実に行う。

(4)　ダイヤモンドカッターを固定するためのアンカー打ちは、5.1.3「あと施工アンカー」による。

(5)　配管施工完了後、必要に応じて、モルタル又はロックウールを充填する。

なお、ロックウールの場合は、脱落防止の処置を施す。

(6)　ダクト用開口でクラッシャー工法等、他の工法を採用する場合は、監督職員と協議する。

4.1.4
溝はつり及び補修

無筋コンクリート等の溝はつりを行う場合は、次による。

(ア)　原則として、はつりを行う箇所にカッターを入れた後、手はつり又は電動ピックで行う。

(イ)　配管完了後、モルタルを充填し、金ごて仕上げをする。

(ｳ)　はつりガラ及び粉じんの飛散防止及び養生を行う。

4.1.5
既設基礎の解体
はつり

(1)　解体基礎の仕様（有筋・無筋、防水・非防水、寸法等）は特記による。
(2)　はつりガラ、粉じん等の飛散防止を行う。
(3)　周辺機器等の養生が必要な場合は、監督職員と協議する。
(4)　防水層等の補修が必要な場合は、監督職員と協議する。
(5)　基礎の解体・撤去後の床面仕上げ及び補修は特記による。また、この場合のはつりは、床仕上げを考慮した深さまで行う。

4.1.6
開　口　補　修

既設配管等の撤去後の補修は、隙間にモルタル等を充填する。

第5章　インサート及びアンカー

第1節　一般事項

5.1.1
共　通　事　項

(1)　既存のインサート及びアンカーボルトは、原則として、使用しない。やむを得ず既存のインサート及びアンカーボルトを再使用する場合は、状態及び強度を確認し、十分に清掃を行ってから使用する。また、引張強度の確認試験の適用は特記による。
(2)　アンカーの埋込深さ及び許容引抜荷重は特記がなければ、標準図（形鋼振れ止め支持部材選定表（二））による。

5.1.2
機　器　の　固　定

特記された機器に使用するアンカーは、耐震計算を行い選定する。

5.1.3
あと施工アンカー

(1)　あと施工アンカーの施工には、工事内容に相応した施工の指導を行う施工管理技術者を置く。
(2)　あと施工アンカー作業における技能者は、あと施工アンカー工事の施工に関する十分な経験と技能を有するものとする。
(3)　配管、ダクト、機器等の天井吊下げ用アンカーには、接着系アンカーを使用してはならない。

5.1.4
穿　孔　機　械

(1) 穿孔に使用する機械は、アンカーの種類、径及び長さ、施工条件等を勘案し、適切な機械を選定する。
(2) 穿孔作業には、ハンマードリル又はダイヤモンドコアドリルを使用する。
(3) 必要埋込み深さを確保するため、穿孔深さのドリルへの表示又はストッパー付きドリルの使用を行う。

第2節　施　　工

5.2.1
穿　　　　孔

(1) 穿孔は、既存躯体に有害な影響を与えないように行う。
(2) 埋込み配管等の探査の範囲及び方法は特記による。
(3) 埋込み配管等に干渉した場合は、直ちに穿孔を中止し、監督職員に報告し、指示を受ける。
(4) 鉄筋等に干渉した場合は、直ちに穿孔を中止し、あと施工アンカーによる引抜きコーン状破壊の影響を受けない位置に再穿孔を行う。また、中止した孔はモルタルで充填する。
(5) 穿孔された孔内に水分があることが確認された場合は、監督職員に報告し、指示を受ける。
(6) 穿孔された孔は、所定の深さがあることを確認する。
(7) 穿孔後、切粉が残らないようブロア、ブラシ等で孔内を清掃する。

5.2.2
養　　　　生

接着系アンカーの場合は、所定の強度が発現するまで養生を行う。

5.2.3
確　認　試　験

(1) あと施工アンカーの性能確認試験の適用は特記による。
(2) あと施工アンカーの施工後確認試験の適用は特記による。

第6章　基礎工事

第1節　一般事項

6.1.1
共　通　事　項

(1) 機器用基礎の新設及び既設再使用は特記による。

(2)　基礎を新設する場合は、機器運転時の全体荷重に耐えられる床又は地盤上に構築するほか、各編の当該事項による。

(3)　基礎は、標準基礎又は防振基礎とし、適用は特記による。

　(ｱ)　標準基礎は、次による。

　　(a)　コンクリート基礎とし、コンクリート打設後10日間以内に荷重をかけてはならない。表面は、金ごて押さえ又はモルタル塗りとし、据付け面を水平に仕上げたものとする。

　　(b)　コンクリート工事及び左官工事は、第7章「関連工事」の当該事項による。

　　(c)　基礎の大きさは特記によるものとし、基礎の高さ、配筋要領等は、標準図（基礎施工要領（一））による。

　(ｲ)　防振基礎は、コンクリート基礎と防振架台を組合せたものとし、構造体への振動の伝達を防止できるものとする。

(4)　基礎の増設及び補修は特記による。

　なお、基礎を増設する場合は、目荒らし後、増設基礎と既設基礎が一体となるように施工する。

(5)　屋上や機械室等で基礎の解体・増設及び補修に伴う防水層の補修は特記による。

第7章　関連工事

第1節　土工事

7.1.1
一　般　事　項

土工事は、次によるほか、標準仕様書（建築工事編）3章「土工事」による。

　(ｱ)　根切りは、周辺の状況、土質、地下水の状態等に適した工法とし、関係法令等に基づき、適切な法面又は山留めを設ける。

　(ｲ)　地中埋設物は、事前に調査を行い給排水管、ガス管、配線等に影響がないように施工する。

　　なお、給排水管、ガス管、配線等を掘り当てた場合には、これらを損傷しないように注意するとともに、必要に応じて、緊急処置を行い、監督職員及び関係者と協議して処理する。

　(ｳ)　地中配管の根切りは、必要な勾配を保持することができ、かつ、管の接合が容易に行える掘削幅及び掘削深さとする。

　(ｴ)　タンク類の基礎や桝等の根切りは、型枠の組立て、取外しを見込んだ掘削幅及び掘削深さとする。

(ｵ)　地中配管を除き、埋戻し及び盛土は、特記がなければ、根切り土の中の良質土を使用し、十分な締め固めを行う。

なお、特記により山砂の類を使用する場合は、十分な締め固めを行い、水締めを行う。

(ｶ)　建設発生土の処理は特記による。特記がなければ、工事現場外に搬出し、関係法令等に基づき、適切に処理する。

第2節　地業工事

7.2.1
一 般 事 項

地業工事は、次によるほか、標準仕様書（建築工事編）4章「地業工事」による。

(ｱ)　砂利地業は、次による。
  (a)　砂利は、再生クラッシャラン、切込砂利又は切込砕石とし、JIS A 5001「道路用砕石」によるC-40程度のものとする。
  (b)　根切り底に砂利を敷きならし、十分に締め固める。
  (c)　砂利地業の厚さは、100mm以上とする。
(ｲ)　捨コンクリート地業は、次による。
  (a)　捨コンクリートの設計基準強度は、18N/㎟以上とする。
  (b)　捨コンクリートの厚さは、50mm以上とする。

第3節　コンクリート工事

7.3.1
一 般 事 項

コンクリート工事は、次によるほか、標準仕様書（建築工事編）5章「鉄筋工事」及び6章「コンクリート工事」による。

(ｱ)　コンクリートは、次によるほか、その種類は普通コンクリートとし、原則として、レディーミクストコンクリートとする。レディーミクストコンクリートは、JIS Q 1001「適合性評価－日本産業規格への適合性の認証－一般認証指針（鉱工業品及びその加工技術）」及びJIS Q 1011「適合性評価－日本工業規格への適合性の認証－分野別認証指針（レディーミクストコンクリート）」に基づき、JIS A 5308「レディーミクストコンクリート」への適合を認証されたものとする。ただし、コンクリートが少量の場合等は、監督職員の承諾を受けて、現場練りコンクリートとすることができる。
  (a)　コンクリートの設計基準強度は、特記がなければ、18N/㎟

　　以上、スランプは15cm又は18cmとし、施工に先立ち、調合表を監督職員に提出する。ただし、少量の場合等は、監督職員の承諾を受けて省略することができる。

(b)　セメントは、JIS R 5210「ポルトランドセメント」による普通ポルトランドセメント又はJIS R 5211「高炉セメント」、JIS R 5212「シリカセメント」、JIS R 5213「フライアッシュセメント」のA種のいずれかとする。

(c)　骨材の種類及び品質は、JIS A 5308「レディーミクストコンクリート」の附属書A（規定）［レディーミクストコンクリート用骨材］によるものとし、骨材の大きさは、原則として、砂利は25mm以下、砕石は20mm以下とする。ただし、基礎等で断面が大きく鉄筋量の比較的少ない場合は、砂利は40mm以下、砕石は25mm以下とすることができる。

(イ)　鉄筋は、異形鉄筋又は丸鋼とし、JIS G 3112「鉄筋コンクリート用棒鋼」によるものとする。ただし、少量の場合で監督職員の承諾を受けたものは、この限りでない。

第4節　左官工事

7.4.1
一　般　事　項

　　左官工事は、次によるほか、標準仕様書（建築工事編）15章「左官工事」による。

(ア)　モルタル塗りは、次による。

(a)　セメントは、7.3.1「一般事項」(ア)(b)による。

(b)　調合は、容積比でセメント1：砂3とする。

(c)　モルタルの塗り厚は、15mm以上とし、1回の塗り厚を7mm程度とする。

(d)　下地は、清掃の上適度の水湿しを行う。

第5節　鋼材工事

7.5.1
一　般　事　項

　　本節は、各編の鋼製架台、はしご等の機器附属金物並びに配管及びダクトの支持金物に適用する。

7.5.2
材　　　　料

(1)　鋼板、形鋼、棒鋼、平鋼又は軽量形鋼によるものとし、3.2.1.4「塗

装」を施したものとする。ただし、屋外露出部分は、3.2.2.4「溶融亜鉛めっき」による2種35を施したもの又はステンレス鋼製（SUS 304）とする。

　なお、現場等で、亜鉛めっきを施した鋼材を加工した部分は、有機質亜鉛末塗料で補修を行う。

(2)　ボルト及びナットは、JIS B 1180「六角ボルト」及びJIS B 1181「六角ナット」による鋼材（SS 400）とし、座金は、JIS B 1256「平座金」によるもので、3.2.2.4「溶融亜鉛めっき」による2種35を施したもの又は3.2.2.5「電気亜鉛めっき」を施したものとする。ただし、屋外部分は、3.2.2.4「溶融亜鉛めっき」による2種35を施したもの又はステンレス鋼製（SUS 304）とする。

7.5.3
溶　　　接

(1)　溶接工は、配管の場合は2.3.16「溶接接合」によるものとし、配管以外の場合は、JIS Z3801「手溶接技術検定における試験方法及び判定基準」に示す試験等による技量を有する者又は監督職員が同等以上の技量を有すると認めた者とする。ただし、軽易な作業と監督職員が認め、承諾を得た者については、この限りでない。

(2)　溶接作業場所は、必要な設備と良好な作業環境を整えなければならない。

　なお、溶接作業中は、漏電、電撃、アーク等による人身事故及び火災防止の処置を十分に行う。また、亜鉛蒸気等の有毒ガスの発生のおそれのある場合は、保護具を着用するとともに十分な換気を行う。

(3)　溶接棒は、JIS Z 3211「軟鋼、高張力鋼及び低温用鋼用被覆アーク溶接棒」、JIS Z 3201「軟鋼用ガス溶加棒」によるもの又はこれと同等以上のものとする。

(4)　溶接面は、溶接に先立ち、水分、油、スラグ、塗料等溶接の障害となるものを除去する。

(5)　溶接作業に際しては、適切な工具を用い、適切な電圧、電流及び溶接速度で作業を行う。

(6)　溶接後は、溶接部をワイヤブラシ等で可能な限り清掃し、必要に応じて、グラインダー仕上げをした後、有機質亜鉛末塗料で溶接面の補修を行う。

(7)　溶接部は、溶接部全線にわたり目視検査を行い、割れ、アンダーカット、オーバーラップ、クレーター等の欠陥がないものとする。

第3編　　空気調和設備工事

第1章 機　　材

第1節 機　　器

1.1.1
一　般　事　項

(1) 新設される機材の仕様は、標準仕様書第3編第1章「機材」の当該事項によるほか、特記による。

(2) 再使用する機材は、取外し後、接続部の点検及び清掃を行い、適切に養生する。

(3) 機器の搬入又は移設に伴い、機器を分割する必要が生じた場合は、監督職員と協議する。

1.1.2
試　　　　　験

新設される機器の試験は、標準仕様書第3編第1章「機材」の当該事項による。

なお、分割搬入を行う機器の試験は特記による。

第2節　ダクト及びダクト附属品

1.2.1
一　般　事　項

新設されるダクト及びダクト附属品は、標準仕様書第3編第1章第14節「ダクト及びダクト附属品」による。

第3節　制気口及びダンパー

1.3.1
一　般　事　項

新設される制気口及びダンパーは、標準仕様書第3編第1章第15節「制気口及びダンパー」による。

第2章　施　工

第1節　機器の据付け及び取付け

2.1.1
一　般　事　項

(1)　機器の据付けに際し、維持管理に必要なスペースを確保する。

(2)　基礎は、第2編第6章「基礎工事」によるほか、次による。

　　防振基礎は、標準基礎にストッパーを設けて、防振架台（製造者の標準仕様）を間接的に固定するものとし、ストッパーは、水平方向及び鉛直方向の地震力に耐えるもので、ストッパーと防振架台との間隙は、機器運転時に接触しない程度とする。また、地震時に接触するストッパーの面には、緩衝材を取付ける。

　　なお、ストッパーの形状及びストッパーの取付要領は、標準図（基礎施工要領（三）、基礎施工要領（四））による。

(3)　鋼製架台は、機器の静荷重及び動荷重を基礎に完全に伝えるもので、建築基準法施行令第90条及び第92条並びに第129条の2の3によるものとし、材料は、「鋼構造許容応力度設計規準」（（一社）日本建築学会）に規定されたもの又はこれと同等以上のものとする。

(4)　機器は、水平に、かつ、地震力により転倒、横滑りを起こさないように基礎、鋼製架台等に固定する。固定方法は、標準図（基礎施工要領（一）、基礎施工要領（二）、基礎施工要領（三）、基礎施工要領（四）、機器振れ止め要領、機器固定要領）による。

　　なお、設計用震度は特記による。ただし、特記がない場合は、次による。

(ア)　設計用水平震度は、表3.2.1による。

表3.2.1　設計用水平震度

設置場所[*1]	タンク以外の機器	タ　ン　ク
上層階[*2] 屋上及び塔屋	1.0 (1.5)	1.0
中間階[*3]	0.6 (1.0)	0.6
1階及び地階	0.4 (0.6)	0.6

備考　（　）内の数値は、防振支持の機器の場合を示す。
注　*1　設置場所の区分は、機器を支持している床部分により適用し、床又は壁に支持される機器は当該階を適用し、天井面より支持（上階床より支持）される機器は、支持部材取付床の階（当該階の上階）を適用する。

　　　　　　　＊2　上層階は、2から6階建の場合は最上階、7から9階建の場合は上層2階、10から12階建の場合は上層3階、13階建以上の場合は上層4階とする。
　　　　　　　＊3　中間階は、1階及び地下階を除く各階で上層階に該当しない階とする。

　(イ)　設計用鉛直震度は、設計水平震度の1/2の値とする。
(5)　既存のアンカーは、原則として、使用しない。ただし、やむを得ず既存のアンカーを再使用する場合は、監督職員と協議し、アンカーボルトの状態及び強度を確認する。
(6)　あと施工アンカーを使用する場合は、第2編5.1.3「あと施工アンカー」の項による。
(7)　機器廻り配管は、機器へ荷重が掛からないように、第2編2.4.1「一般事項」の固定及び支持を行う。

2.1.2
ボ イ ラ ー
　2.1.2.1
　鋼 製 ボ イ ラ
　ー、鋼製小型
　ボイラー、鋼
　製簡易ボイラ
　ー、小型貫流
　ボイラー及び
　簡易貫流ボイ
　ラ ー

　(ア)　鋼製ボイラー、鋼製小型ボイラー、鋼製簡易ボイラー、小型貫流ボイラー及び簡易貫流ボイラーの据付けは、本項によるほか、「ボイラー及び圧力容器安全規則」(昭和47年労働省令第33号)、地方公共団体の条例及びJIS B 8201「陸用鋼製ボイラ－構造」の定めによる。
　(イ)　ボイラーの基礎は、運転時の全体荷重の3倍以上の長期荷重に耐えられる基盤上又は構造計算で強度が確認された基盤上に築造する。
　(ウ)　据付の際は、図面に従い、所定の位置及び四隅にやり方を施し、芯出し、水平、垂直、適正勾配等を水準器、水糸、下げ振り等の測器で計測する。
　(エ)　据付けは、サドル、ジャッキ等で仮受台に缶体を仮置きし、正確な据付位置を定めた後に行う。
　(オ)　ボイラーの組立ては、製造者の組立て仕様により行う。
　(カ)　附属品及び金物の取付けは、取付けの前に異常の有無を点検し、接触面を清掃してから行う。

　2.1.2.2
　鋳鉄製ボイラ
　ー及び鋳鉄製
　簡易ボイラー

　(ア)　鋳鉄製ボイラー及び鋳鉄製簡易ボイラーの据付けは、本項によるほか、2.1.2.1「鋼製ボイラー、鋼製小型ボイラー、鋼製簡易ボイラー、小型貫流ボイラー及び簡易貫流ボイラー」の当該事項

による。

(イ)　ベースの組立ては、基礎上に墨打ちした線に合わせて、側ベース及び前後プレートを仮置きし、四隅の直角を定めた後、水準器でベースの水平を確認しながら締付けボルトの本締めを行う。

(ウ)　セクションの組立ては、製造者の組立て仕様により行う。

2.1.3
鋼 板 製 煙 道

(1)　煙道は、1.8m以下ごとに、標準図（ダクトの吊り金物・形鋼振れ止め支持要領）による吊り又は支持を行い、ボルト等によりレベル調整し、煙突に上り勾配になるように接続する。また、ブラケット又は受台により支持する場合は、支持面にローラー付き支持金物を設けて行う。

なお、煙道の荷重が、直接、機器にかかってはならない。

(2)　主煙道は、7.2m以下ごとに、標準図（ダクトの吊り金物・形鋼振れ止め支持要領）による振れ止め支持を行う。

なお、壁貫通等で振れを防止できる場合は、貫通部と吊り又は支持をもって振れ止め支持とみなしてもよい。

(3)　煙道の継手には、シリカ、カルシア及びマグネシアを主原料とした、厚さ2.0mm以上のアルカリアースシリケートウールガスケット（テープ状で耐熱温度が600℃以上のもの）を使用し、ボルト及びナットで気密に締付ける。

(4)　伸縮継手の滑動部及び煙突への差込み間隙には、シリカ、カルシア及びマグネシアを主原料としたアルカリアースシリケートウール組ひも（ロープ状で耐熱温度が600℃以上のもの）を使用し、ボルト及びナットで気密に締付ける。

(5)　鋼板製煙道の伸縮部及び壁貫通部の施工要領は、標準図（鋼板製煙道の伸縮部及び壁貫通部施工要領）による。

(6)　ばい煙濃度計及びばいじん量測定口は、横走り煙道の直線部でボイラーの放射熱を受けない位置に水平に取付ける。

2.1.4
地 震 感 知 器

地震感知器は、機械室の柱、壁等の主要構造部に取付ける。

2.1.5
給 水 軟 化 装 置

給水軟化装置は、地震力により転倒しないように固定金物を用いて床又は壁に取付ける。

2.1.6
温 水 発 生 機

温水発生機の据付けは、2.1.2.1「鋼製ボイラー、鋼製小型ボイラー、

鋼製簡易ボイラー、小型貫流ボイラー及び簡易貫流ボイラー」及び
2.1.2.2「鋳鉄製ボイラー及び鋳鉄製簡易ボイラー」の当該事項による。

2.1.7 冷　凍　機

(1) 冷凍機の据付けは、本項によるほか、「冷凍保安規則」、「冷凍保安規則関係例示基準」及び高圧ガス保安協会制定の「冷凍空調装置の施設基準」の定めによる。

(2) 冷凍機の基礎は、運転時の全体荷重の3倍以上の長期荷重に耐えられる基盤上又は構造計算で強度が確認された基盤上に築造する。

(3) 冷凍機の基礎は、標準図(基礎施工要領(二)、基礎施工要領(三))による。

(4) 据付けの際は、図面に従い、所定の位置及び四隅にやり方を施し、芯出し、水平、垂直、適正勾配等を水準器、水糸、下げ振り等の測器で計測する。

(5) 据付けは、サドル、ジャッキ等で仮受台に缶体を仮置きし、正確な据付位置を定めた後に行う。

2.1.8 コージェネレーション装置

(1) コージェネレーション装置の据付けは、本項によるほか、消防法及び「電気設備に関する技術基準を定める省令」の定めによる。

(2) 燃料電池を用いるコージェネレーション装置の設置は、JIS C 62282-3-300「定置用燃料電池発電システム-設置要件」による。

(3) コージェネレーション装置の基礎等は、2.1.7「冷凍機」の当該事項による。

(4) コージェネレーション装置の組立ては、製造者の組立て仕様により行う。

(5) 外部配管との接続には、防振継手又はフレキシブルジョイントを用いて行う。

(6) 煙道、蒸気管等には、保温を行う。ただし、蒸気トラップ、容易に人が触れない箇所等を除く。

(7) 排ガス管や排ガスダクトは、ロックウール保温材等により保温を行う。ただし、ロックウール保温材の耐熱温度を超える場合は、JIS A 9510「無機多孔質保温材(けい酸カルシウム保温材)」によるものを使用する。
なお、保温材の厚さは特記による。

(8) 温水管及び継手は、亜鉛めっきを施していないものとする。

2.1.9 氷蓄熱ユニット

氷蓄熱ユニットの据付けは、2.1.7「冷凍機」の当該事項による。

2.1.10
冷　　却　　塔

(1)　冷却塔は、構造計算で強度が確認されたコンクリート基礎又は鋼製架台に据付ける。
　　なお、冷却塔を屋上に据付ける場合は、建築基準法施行令第129条の2の6及び同令に基づく告示の定めによる。

(2)　冷却塔の据付けに際し、ショートサーキット、障害物、水滴の飛散、騒音等の影響がないことを確認する。

2.1.11
空 気 調 和 機

(1)　ユニット形空気調和機、コンパクト形空気調和機及びパッケージ形空気調和機の基礎は、標準図（基礎施工要領（三））による。

(2)　パッケージ形空気調和機の屋外機の据付けに際し、ショートサーキット、障害物、騒音等の影響がないことを確認する。

2.1.12
ファンコイルユ
ニット

(1)　床置形は、固定金物又は補強された取付け穴を用いて、壁又は床に取付ける。

(2)　天井吊り形の設置は、吊り用ボルトで行い、振れ止めを施したものとし、標準図（機器振れ止め要領）による。

2.1.13
マルチパッケー
ジ形空気調和機
及びガスエンジ
ンヒートポンプ
式空気調和機

(1)　屋内機が床置形の場合の基礎は、標準図（基礎施工要領（三））による。

(2)　屋内機が天井吊形、カセット形の場合の設置は、吊り用ボルトで行い、振れ止めを施したものとし、標準図（機器振れ止め要領）による。

(3)　屋外機の据付けに際し、ショートサーキット、障害物、騒音等の影響がないことを確認する。

2.1.14
全 熱 交 換 器

(1)　全熱交換器及び床置形全熱交換ユニットの基礎は、標準図（基礎施工要領（三）の空気調和機）による。

(2)　天井隠ぺい形全熱交換ユニットの設置は、吊り用ボルトで行い、振れ止めを施したものとし、標準図（機器振れ止め要領）による。

2.1.15
放　　熱　　器

(1)　コイルが逆勾配にならないように、かつ、放熱の循環が阻害されないように取付ける。

(2)　床置形は、固定金物を用いて、壁又は床に取付ける。

2.1.16
床　暖　房

(1) 温水式床暖房は、次による。

(ｱ) 温熱源と放熱器間の配管は、折れ、傷等の損傷を与えないよう敷設し、温水配管相互の接続は行わない。

なお、温熱源、温水式放熱器本体及び分岐ヘッダーへの接続は、製造者の標準仕様とし、分岐ヘッダー部は点検ができる位置に設ける。

(ｲ) 配管の劣化するおそれがある溶剤、油性マーキング、合成樹脂調合ペイント、軟質塩化ビニル（ビニルテープ）等の可塑剤を含んだ材料と接触させないよう施工する。また、管端部の養生にビニルテープを使用した場合は、ビニルテープ部の管を除去してから施工する。

(2) 電気式床暖房は、JIS C 3651「ヒーティング施設の施工方法」によるもののほか、発熱マット及び発熱シートは、重ねたり、折り曲げたりしてはならない。

(3) 操作パネルは、操作及び点検が容易な箇所に設置し、温度センサーは温度を正確に検出できる箇所を選定する。

2.1.17
ガス温水熱源機

(1) 床置形のガス温水熱源機は、地震動等により転倒しないように、固定金物を用いて床又は壁に取付ける。

(2) 壁掛形のガス温水熱源機は、2.1.1「一般事項」の当該事項により取付ける。ただし、可燃性の取付面に、ガス機器防火性能評定（（一財）日本ガス機器検査協会）を有しない機器を取付ける場合は、背部に耐熱板（アルミニウム板で縁取りした3.2mm以上の耐火ボード）を設ける。

2.1.18
送　風　機
　2.1.18.1
　遠心送風機

(ｱ) 床置形の据付けは、標準図（基礎施工要領（四））の標準基礎又は防振基礎によるものとし、基礎の形式は特記による。

なお、特記がない場合は、標準基礎とする。

(ｲ) 天井吊り形の据付けは、標準図（機器振れ止め要領、機器固定要領）による。

なお、小形の遠心送風機（呼び番号2未満）の場合は、吊り用ボルトにブレース等による振れ止めを施したものでもよい。

(ｳ) 防振基礎の防振材の個数及び取付位置は、運転荷重、回転速度及び防振材の振動絶縁効率により決定する。

なお、防振材及び振動絶縁効率は特記による。

　㈍　遠心送風機とダクトの接続には、たわみ継手を用いる。

　なお、吸込口にダクトを接続しない場合は、保護金網を取付ける。

2.1.18.2
軸流送風機及
び斜流送風機

軸流送風機及び斜流送風機の据付けは、標準図（機器固定要領）に準じて行う。

なお、小形の軸流送風機及び斜流送風機（呼び番号3以下）の場合は、吊り用ボルトにブレース等による振れ止めを施したものでもよい。

2.1.19
ポ　ン　プ

(1)　ポンプの基礎は、標準図（基礎施工要領（四））による。

(2)　ポンプ本体が結露する場合及び軸封がグランドパッキンの場合は、ポンプの基礎には、ポンプ周囲に排水溝及び排水目皿を設け、呼び径25以上の排水管で最寄りの排水系統に排水する。ただし、温水ポンプ及び冷却水ポンプで軸封がグランドパッキンの場合は、排水管による間接排水とする。

(3)　防振基礎における防振材の個数及び取付位置は、運転荷重、回転速度及び防振材の振動絶縁効率により決定する。

　なお、防振材及び振動絶縁効率は特記による。特記がなければ、振動絶縁効率は80%以上とする。

(4)　真空給水ポンプユニット及び油ポンプの基礎の高さは、床仕上げ面より200mm程度とする。

(5)　ポンプは、共通ベースが、基礎上に水平になるように据付け、その後、軸心の調整を行う。

2.1.20
タ　ン　ク

(1)　空調用密閉形隔膜式膨張タンクの温水配管に溶解栓を取付ける場合は、標準図（密閉形隔膜式膨張タンク廻り配管要領）による。

(2)　オイルタンク類の据付けは、次によるほか、危険物の規制に関する政令及び同規則の定めによる。

　㈠　標準図（鋼製強化プラスチック製二重殻タンク据付け図、地下オイルタンク据付け図、鋼製強化プラスチック製二重殻タンクの外郭及び構造施工要領、地下オイルタンクの外郭及び構造施工要領）による。

　㈡　保護筒の内面側壁及び油タンクふたは、JIS K 5674「鉛・クロムフリーさび止めペイント」によるさび止め塗装2回塗りとする。また、タンク室を設けない場合の固定バンド、締付けボルト及び

アンカーボルトは、JIS K 5551「構造物用さび止めペイント」によるさび止め塗装2回塗りを行う。

2.1.21
配管等の接続

機器に接続する配管は、既設配管及びダクトとの取合いを行って製作・施工する。また、接続は、フランジ接合等とし、火を使用する溶接接合は、原則として、禁止する。

第2節 ダクトの取付け

2.2.1
一 般 事 項

(1) ダクトの施工に先立ち、第1編1.5.2「事前調査」を十分に行い、既設設備との関連事項を詳細に検討し、風量バランス等を考慮して施工する。

(2) ダクトの材質及び圧力区分は、既設ダクトと同様とする。

(3) 建築基準法施行令第112条第21項に規定する準耐火構造の防火区画等をダクトが貫通する場合は、貫通部とダクトとの隙間にモルタル又はロックウール保温材を充填する。また、保温が必要なダクトの場合は、その貫通部の保温は、ロックウール保温材によるものとする。

なお、ロックウール保温材を施す場合は、脱落防止の措置を講ずる。

(4) 外壁を貫通するダクトとスリーブとの隙間は、バックアップ材等を充填し、シーリング材によりシーリングし、水密を確保する。

(5) シールの方法は、標準図（シールの施工例（一）、シールの施工例（二））による。

なお、厨房、浴室等の多湿箇所の排気ダクトは、Ｎシール＋Ａシール＋Ｂシールとし、水抜管を設ける場合は特記による。

(6) フランジの接合は、接合後にフランジ幅と同一となるフランジ用ガスケットを使用し、ボルト及びナットで片締めのないよう気密に締付ける。

(7) 厨房の排気ダクトは、ダクト内の点検が可能な措置を講ずる。

2.2.2
ダクトの吊り及び支持

2.2.2.1
一 般 事 項

(ア) 吊り金物に用いる山形鋼の長さは、保温も含めたダクトの横幅

以上とする。

(イ)　横走り主ダクトは、12m以下ごとに、標準図（ダクトの吊り
金物・形鋼振れ止め支持要領）による振れ止め支持を行うほか、
横走り主ダクト末端部に振れ止め支持を行う。

　　なお、壁貫通等で振れを防止できる場合は、貫通部及び吊りを
もって振れ止め支持とみなしてもよい。

(ウ)　立てダクトには、各階1箇所以上に、標準図（ダクトの棒鋼吊
り・形鋼振れ止め支持要領）による振れ止め支持（固定）を行う。

(エ)　ダクトの振動伝播を防ぐ必要がある場合は、防振材を介して吊
り及び支持を行う。

2.2.2.2 アングルフランジ工法ダクト

(ア)　横走りダクトは、吊り間隔3,640mm以下ごとに、標準図（ダク
トの吊り金物・形鋼振れ止め支持要領）による吊りを行う。

(イ)　ダクトと吊り金物の組合せは、表3.2.2による。

表3.2.2　ダクトの吊り金物　　　　（単位mm）

ダクトの長辺	山形鋼寸法	吊り用ボルト
750以下	25×25×3	M10又は呼び径9
750を超え、1,500以下	30×30×3	M10又は呼び径9
1,500を超え、2,200以下	40×40×3	M10又は呼び径9
2,200を超えるもの	40×40×5	M10又は呼び径9

注　ダクトの周長が3,000mmを超える場合の吊り用ボルトの径は、
　　強度を確認の上、選定する。

2.2.2.3 コーナーボルト工法ダクト

　横走りダクトの吊り間隔は、スライドオンフランジ工法ダクトは
3,000mm以下とし、共板フランジ工法ダクトは2,000mm以下とする。

　なお、機械室内は、長辺が450mm以下の横走りダクトの吊り間隔は、
2,000mm以下とする。

2.2.2.4 スパイラルダクト及び円形ダクト

(ア)　横走りダクトは、標準図（ダクトの吊り金物・形鋼振れ止め支
持要領）に準じた吊りを行う。吊り間隔は、スパイラルダクトは
4,000mm以下、円形ダクトは3,640mm以下とする。

(イ)　ダクトと吊り金物の組合せは、表3.2.3による。

表3.2.3　スパイラル及び円形ダクトの吊り金物 （単位㎜）

呼　称　寸　法	山形鋼寸法	吊り用ボルト
750以下	25×25×3	M10又は呼び径9
750を超え、1,000以下	30×30×3	M10又は呼び径9
1,000を超え、1,250以下	40×40×3	M10又は呼び径9

注　呼称寸法1,000を超える場合の吊り用ボルトの径は、強度を確
　　認の上、選定する。

(ｳ)　呼称寸法750以下の横走りダクトの吊り金物は、厚さ0.8㎜以
上の亜鉛めっきを施した鋼板を円形に加工した吊りバンドと吊り
用ボルトとの組合せによるものとしてもよい。
　　なお、小口径（呼称寸法300以下）のものにあっては、吊り金
物に代えて、厚さ0.6㎜の亜鉛鉄板を帯状に加工したものを使用
してもよい。ただし、これによる場合は、要所に振れ止め支持を
行う。

2.2.3
ダクトの接合
　2.2.3.1
　コーナーボル
　ト工法ダクト

　　フランジ押さえ金具の取付けは、標準図（コーナーボルト工法ダク
トのフランジ施工例（一）、コーナーボルト工法ダクトのフランジ施
工例（二）、コーナーボルト工法ダクトのフランジ施工例（三））によ
る。

　2.2.3.2
　スパイラルダ
　クト

(ｱ)　スパイラルダクトの接合は、差込み継手接合又はフランジ継手
接合とする。
(ｲ)　差込み継手及びフランジ用カラーとダクトの接合は、継手を直
管に差込み、鋼製ビスで周囲を固定し、継手と直管の継目全周に
シール材を塗布した後、ダクト用テープで二重巻きにしたものと
する。接合部の鋼製ビス本数は、表3.2.4による。

表3.2.4　接合部のビス本数

ダクト内径	片側最小本数
155㎜以下	3
155㎜を超え、　355㎜以下	4
355㎜を超え、　560㎜以下	6
560㎜を超え、　800㎜以下	8
800㎜を超え、1,250㎜以下	12

2.2.4
排煙ダクト

(1)　排煙ダクトの吊り及び支持は、2.2.2「ダクトの吊り及び支持」の当該事項による。

(2)　ダクトと排煙機との接続は、フランジ接合とする。

(3)　亜鉛鉄板製のダクトを溶接接合する場合は、溶接部をワイヤブラシ等で可能な限り清掃し、さび止め塗料又は有機質亜鉛末塗料で溶接面の補修を行う。

(4)　鋼板製ダクトの塗装は、第2編3.2.1「塗装」による。

(5)　排煙ダクトは、木材その他の可燃物から150mm以上離して設置する。

2.2.5
ダクト附属品
2.2.5.1
チャンバー

チャンバーの取付けは、2.2.2.2「アングルフランジ工法ダクト」の当該事項による。

2.2.5.2
排気フード

フードの吊り及び支持は、2.2.2.2「アングルフランジ工法ダクト」の当該事項による。ただし、吊り間隔は、1,500mm以下、かつ、四隅とする。

2.2.5.3
フレキシブルダクト

フレキシブルダクトは、吹出口及び吸込口ボックスの接続用として1.5m以下で使用してもよい。

なお、湾曲部の内側半径はダクト半径以上とし、有効断面を損なうことのないように取付ける。

2.2.5.4
グラスウール製ダクト（円形ダクト）

グラスウール製ダクト（円形ダクト）の施工は、次によるほか、「グラスウール製ダクト標準施工要領」（グラスウールダクト工業会）のグラスウール製円形ダクトに関する項目（分岐ダクトの接続及びダンパーとの接続に関する項目を除く。）による。

(a)　ダクトの板厚

グラスウール製ダクト（円形ダクト）の板厚は、25mmとする。

(b)　ダクトの接続

グラスウール製ダクト（円形ダクト）の接続は、次によるほか、標準図（グラスウール製ダクト（円形ダクト）の接続要領）による。

① 　グラスウール製ダクト（円形ダクト）同士の接続は、突合わせ接続とし、切り口両面等に接着及びグラスウール繊維の飛散防止のため、均一に接着剤（JIS K 6804「酢酸ビニル樹脂エマルジョン木材接着剤」）を塗布し、接続した後、継目をグラスウール用アルミニウムテープ（JIS A 4009「空気調和及び換気設備用ダクトの構成部材」）巻きとし、テープを巻く幅は、ダクト径の1/2以上（最大150mm程度）となるよう重ね巻きしたものとする。ただし、テープ幅でダクト径の1/2以上の幅を確保できる場合は、重ね巻きは不要とする。

② 　スパイラルダクトとの接続は、グラスウール製ダクト（円形ダクト）を差込む側の継手（標準仕様書第3編1.14.4.2「接合材料」による。）の外面に均一に接着剤（JIS K 6804「酢酸ビニル樹脂エマルジョン木材接着剤」）を塗布して差込み、鋼帯を巻き、鋼製ビス（鋼製ビスの本数は2.2.3.2「スパイラルダクト」の当該事項による。）で固定し、グラスウール用アルミニウムテープ（JIS A 4009「空気調和及び換気設備用ダクトの構成部材」）でグラスウール製ダクト（円形ダクト）の切り口面から鋼帯を全て覆うように重ね巻きしたものとする。

③ 　フレキシブルダクトとの接続は、グラスウール製ダクト（円形ダクト）を差込む側の継手（標準仕様書第3編1.14.4.2「接合材料」による。）の外面に均一に接着剤（JIS K 6804「酢酸ビニル樹脂エマルジョン木材接着剤」）を塗布して差込み、鋼帯を巻き鋼製ビス（鋼製ビス本数は2.2.3.2「スパイラルダクト」の当該事項による。）で固定し、グラスウール用アルミニウムテープ（JIS A 4009「空気調和及び換気設備用ダクトの構成部材」）でグラスウール製ダクト（円形ダクト）の切り口面から鋼帯を全て覆うように重ね巻きしたものとする。

(c) 　ダクトの吊り及び支持
① 　グラスウール製ダクト（円形ダクト）の吊り及び支持は、表3.2.5による。

なお、支持材はJIS G 3302「溶融亜鉛めっき鋼板及び鋼帯」により成形される鋼帯とする。

② 　ダクトの接合部付近及び端部は、全て支持する。
③ 　ダンパー等の金物部は、全て支持する。

表3.2.5　グラスウール製ダクト（円形ダクト）の吊り及び支持　　（単位㎜）

ダクト内径	吊り及び支持金物		
	鋼　　帯	棒鋼の呼び径	最大間隔
300以下	24以上×0.4t以上	M10又は9㎜の吊り用ボルト	2,400
300を超えるもの			2,000

2.2.5.5
風 量 測 定 口

風量測定口の取付個数は、表3.2.6による。
なお、取付位置は特記による。

表3.2.6　風量測定口の取付個数

取付辺（長辺）の寸法	300㎜以下	300㎜を超え、700㎜以下	700㎜を超えるもの
取付個数	1	2	3

2.2.6
既設ダクトの再利用

(1)　既設ダクトを再利用する場合、運転再開前に次のいずれかの防じん対策を行う。
　　なお、ダクト内清掃を行う場合は、2.2.7「ダクト清掃」によるものとし、適用は特記による。
　(ｱ)　吹出口にフィルターをはさむ等、ほこり等の飛散を防止する対策
　(ｲ)　吹出口廻りの居室内壁面、机、ロッカー等への防じん対策
(2)　工事中に既設ダクト系を運転する場合は、撤去又は取外した開口部よりほこり等が、機器及びダクト内に入らないように必要な防護措置を施す。
(3)　空調機等の試運転調整後には、フィルターの清掃を行う。

2.2.7
ダ ク ト 清 掃

(1)　ダクト清掃の工法は特記による。
(2)　ダクト清掃作業は、建築物における衛生的環境の確保に関する法律（昭和45年法律第20号）に基づくダクト清掃作業監督者を配置し、監督職員の承諾を受ける。
(3)　当該ダクトの経路、構造、天井点検・作業口の取付けの適否等を調査し、監督職員に報告する。
(4)　施工に先立ち、当該ダクトの既存状態を調査・記録（記録写真等を含む。）し、監督職員に提出する。
　　なお、調査・記録する場所及び箇所数は特記による。

(5)　作業機器の据付場所は、騒音対策、ほこり等の飛散防止対策を考慮した場所とし、監督職員の承諾を受ける。

(6)　吹出口、吸込口、ダンパー等で作業上一時取外し、再使用する機材は保管を確実に行う。
　なお、再取付け前に清掃を行う場合は特記による。

(7)　当該ダクトの内面に付着したほこり等の除去、清掃及び確認作業については、採用した工法の規定による。

(8)　施工に当たっては、既設天井、ダクト、ダンパー等の強度、耐久性及び機能性に影響を与えないようにする。

(9)　ダクト内の粉じんの捕集方法は特記による。
　なお、特記がなければ、集じん装置又は集じんフィルタにより適切に捕集する。

(10)　作業に伴い、ダクトに開口部等を設ける場合は、必要最小限なものとし、作業終了後に適切な方法で漏れのないよう閉鎖する。

(11)　作業に伴い、じんあいが飛散するおそれのある場合は、室内各部、机、ロッカー等に十分な養生を行う。

(12)　所定の清掃作業終了後にダクト系の機能を調査確認する。また、清掃後のダクト内面の状態を記録写真に撮り、監督職員に提出する。
　なお、記録する場所及び箇所数は特記による。

(13)　作業中、仮設ダクトを設ける必要がある場合は特記による。

第3節　制気口及びダンパー

2.3.1
ガ　ラ　リ

　外壁ガラリは、建築物の外壁等に、堅固に取付け、その間隙は、モルタル等で気密に仕上げる。

2.3.2
排　煙　口

(1)　排煙口の吊り及び支持は、2.2.2.2「アングルフランジ工法ダクト」の当該事項によるほか、振れ止め支持を施し、堅固に取付ける。

(2)　手動開放装置の操作箱は、見やすく、避難の際に操作が容易な位置に取付ける。取付け高さは、床面より800mm以上1,500mm以下とする。

2.3.3
ダ　ン　パ　ー

(1)　ダンパーが、隠ぺい部分に設置される場合は、点検口があることを確認する。

(2)　防火ダンパー、防煙ダンパー等は、火災時に脱落しないように、

防火区画の壁又は床に固定する。固定方法は、標準図（ダクトの防火区画貫通部施工要領）による。

2.3.4
定風量ユニット
及び変風量ユニット

(1)　ダクトに気密に取付け、必要に応じて、吊り又は支持を行う。
(2)　風速センサー形は、ユニット上流側にダクト径の4倍程度の直管部を設けて取付ける。

第4節　撤　　去

2.4.1
一　般　事　項

　第1編第4章「撤去」及び第5章「発生材の処理等」の当該事項によるほか、特記による。

2.4.2
機　器　の　撤　去

(1)　機器の撤去に先立ち、水、ガス、油等の接続配管が取外されていることを確認する。また、電源及び自動制御設備については、他の設備に影響しないように遮断する。
(2)　冷凍機等（フロン系冷媒の使用機器）は、撤去に先立ち、冷媒の回収又は放出を防止する措置を講ずるものとし、冷媒の回収方法及び放出を防止する措置は、2.4.3「冷媒の回収方法等」による。
(3)　オイルタンク、オイルサービスタンク等の撤去に先立ち、次の措置を講ずる。
　　(ｱ)　タンク内の残油の有無を確認する。
　　　なお、タンク内に残油がある場合には、監督職員に報告する。
　　(ｲ)　タンク内に残油が無いことの確認ができた場合は、廃油の回収を行うとともに、内部の洗浄を行う。また、撤去に際しては、火気を使用してはならない。
　　　なお、廃油の回収方法及び内部の洗浄方法は、第1編5.1.2「産業廃棄物等」(4)による。
(4)　オイルタンク内部、蓄熱槽内部等の密閉された空間で作業を行う場合は、第1編1.3.5「施工中の安全確保」の当該事項による換気等の措置を講ずる。
(5)　煙道及び排気筒の撤去に際しては、すすの飛散を防止する措置を講ずる。
(6)　冷凍機、ボイラー、空調機等の大形機器の撤去において、機器を分割・解体する必要がある場合は、監督職員と協議する。
(7)　機器の吊り装置（電動ウインチ等）とそれらを支持固定する架台

（チャンネルベース）等が必要な場合は、監督職員と協議する。

2.4.3
冷媒の回収方法
等

冷媒の回収方法及び放出を防止する措置は、次による。
(ア)　業務用冷凍空調機器（第1種特定製品）は、フロン排出抑制法の定めに従って行う。
(イ)　特定家庭用機器再商品化法（平成10年法律第97号）の対象となるものは、同法の定めに従って行う。

2.4.4
廃油の回収方法
等

(1)　オイルタンク、オイルサービスタンク、油配管等の廃油は、廃棄物処理法、消防法その他関係法令等の定めに従い、回収し、適切に処理する。
(2)　廃油の回収に際しては、周辺の汚損及び土壌の汚染をしないよう養生を行う。

2.4.5
既設ダクトの撤
去

(1)　既設ダクトの撤去範囲は特記による。ただし、その位置で不具合が生じた場合又は接続等が不可能な場合若しくは危険と判断される場合は、監督職員と協議する。
(2)　既設ダクトの撤去による振動及び粉じん発生に制約がある場合は、監督職員と協議する。
(3)　既設ダクトを撤去する場合は、空気調和機及び送風機が確実に停止していることを確認する。
(4)　撤去箇所は、原則として、既設ダクトのフランジ部とする。また、スパイラルダクトは差込部とする。
(5)　既設ダクトを撤去する場合は、保温材、ガスケット、たわみ継手等と分離する。
(6)　既設ダクトの再利用側の開口部は、新設ダクト施工までの間、遮へい板にて養生を確実に行う。
(7)　既設ダクトの撤去には、原則として、火気を使用しない。
(8)　ダクトの切断は、原則として、火花の発生しない工具（ニブラ、ジグソー、金鋸、金切りハサミ等）により行い、はぜ部等の切断はセパーソー、金鋸等で行う。
(9)　ダクトを撤去後、再利用側約1m程度の保温材、付着した油脂類、ダクト内に堆積したほこり等の除去を行う。

2.4.6
既設ダクトの搬出

(1)　撤去するダクトは、搬出に支障のない大きさに切断する。

(2)　搬出において既設エレベーターを使用する場合は、監督職員と協議する。

　　なお、使用する場合の養生方法は、第1編第3章「養生」による。

第4編　　自動制御設備工事

第1章 機　材

第1節　総　　則

1.1.1
一 般 事 項

(1) 本編は、温度、湿度、圧力、流量、液面等の一般的プロセスの制御、計測、監視等を行う場合に適用し、機器に附属する制御及び特殊な制御には適用しない。
(2) 自動制御設備のシステム構成及び機能は特記による。
(3) 配線工事は停電作業とし、活線工事は禁止とする。
(4) 再使用品の有無は特記による。

1.1.2
制 御 方 式

制御方式は、次による。
(ｱ) 電気式は、検出部と一体構造の調節部にて、温度変化、湿度変化、圧力変化若しくは液面変化を機械的又は電気的変位として取出し、操作部へ制御信号を出力する方式とする。
(ｲ) 電子式は、検出部からの電気信号を調節部のマイクロプロセッサにより演算し、操作部へ制御信号を出力する方式とする。調節部は、設定値を確認・変更するためのデジタル表示の指示機能を備えたものとする。
(ｳ) デジタル式は、検出部からの電気信号を調節部のマイクロプロセッサにより演算し、操作部へ制御信号を出力する方式とする。調節部は、ソフトウェア等により制御ロジックを構成できる機能を有し、複数の制御が行えるものとする。また、中央監視制御装置との通信機能を備えたものとする。

第2節　自動制御機器

1.2.1
一 般 事 項

新設される機材の仕様は、標準仕様書第4編第1章「機材」の当該事項によるほか、特記による。
なお、再使用する機材は、各部の点検及び清掃を行い、適切に養生する。

1.2.2
盤 類 の 改 造

(1) 盤を改造する場合は、次によるほか、特記による。

(ア) 盤改造に先立ち、電源が遮断されていることを確認する。

(イ) 改造は、系統（制御ループ）ごとに行う。

(ウ) 既存取付機器の移設を伴う場合は、改造前後に制御回路の動作試験を行い、影響のないことを確認する。

(エ) 盤表面の計器類を撤去した際にできた開口は、プレートで塞ぐ等の措置を施す。

(2) 端末装置ユニットの追加、既存端末装置ユニットへの管理点追加、部分更新等の作業は系統ごとに行う。

(3) 中央監視装置のソフトの追加、変更及び機能変更は特記による。

第2章　施　　工

第1節　自動制御機器類の取付け

2.1.1
自動制御機器の取付け
2.1.1.1
一　般　事　項

(ア) 機器類は、維持管理に必要なスペースを確保し、床、壁、配管等に対して水平又は垂直に取付ける。

(イ) 検出器は、温度、湿度、圧力等が正確に検出できる場所を選定し、取付ける。

2.1.1.2
温度検出器、湿度検出器及び二酸化炭素（CO₂）濃度検出器

(ア) 室内形の検出器は、床上1.5m程度の高さで、直射日光及び吹出し気流の影響を受けない位置に取付ける。

(イ) 挿入形の検出器は、保温の厚みを考慮した取付台を介し、流体に対し垂直又は対向して取付ける。また、配管及びタンク類に取付ける場合は、保護管を用いて検出端を保護する。

2.1.1.3
圧力検出器及び発信器

(ア) 水系の配管及びタンク類に取付ける場合は、圧力検出口と導圧管の間に点検用バルブを設ける。また、ポンプ吐出側等で流体が脈動する場合は、脈動防止措置として絞り弁等を設ける。

なお、導圧管は、受圧部に空気が混入しないよう1/10以上の

勾配を設けて発信器に導き、導圧管末端にはドレン抜きを設ける。

(イ) 蒸気用検出器は、(ア)によるほか、発信器に直接蒸気が触れないようにサイホン又はコンデンサーポットを介して取付ける。

(ウ) ダクト等に取付ける場合は、圧力変動が少ない位置を選び、検出端を流れに対して直角に取付ける。

(エ) 差圧測定用検出器は、高圧側及び低圧側導圧管の最高位の高さを合わせて取付ける。

2.1.1.4
その他の検出器

(ア) 液面検出器は、測定誤差、ハンチング等が生じないよう、必要に応じて、ガイドパイプ又は防波筒を設ける。

(イ) 流量検出器は、流れの方向を確認して、配管の上流及び下流側に流量検出器の必要な直管長を確保して取付ける。

(ウ) フロースイッチは、流れの方向を確認後、フロースイッチの上流及び下流側に必要な直管長を確保して、水平配管に垂直に取付ける。

2.1.1.5
操　作　器

(ア) 電動弁は、上流側にストレーナが設けられていることを確認し、駆動軸が垂直になるように取付ける。やむを得ず斜めになる場合でも、駆動部が弁本体より下方になってはならない。また、防滴構造でないものを屋外に設置する場合は、取外し可能な防滴遮へいカバーを設ける。

なお、ストレーナを再使用する場合は、ストレーナの清掃が済んでいることを確認した後に電動弁を取付ける。

(イ) 電磁弁は、上流側にストレーナが設けられていることを確認し、コイル部が垂直になるように取付ける。

なお、ストレーナを再使用する場合は、ストレーナの清掃が済んでいることを確認した後に電磁弁を取付ける。

第2節　盤類の取付け

2.2.1
自動制御盤の取付け

自動制御盤の据付けは、次によるほか、第3編2.1.1「一般事項」の当該事項による。

(ア) 隣接した盤は、相互間に隙間のできないようにライナー等を用いて調整を行う。

(イ) 質量の大きいもの及び特殊な取付方法のものは、あらかじめ

　　　　　　　取付詳細図を作成し、監督職員に提出する。
(ウ)　メタルラス張り、ワイヤラス張り、金属板張り等の木造の造営
　　　物に、動力回路等を含む盤類を取付ける場合は、それらの金属部
　　　分と電気的に絶縁して取付ける。

2.2.2
中央監視盤の取
付け

中央監視盤の据付けは、次による。
(ア)　保守点検及び運用上必要なスペースを確保し、監視及び操作が
　　　し易い位置に据付ける。
(イ)　操作卓は、地震力により転倒及び横滑りを起こさないように床
　　　に固定する。
(ウ)　操作卓上に設置する表示装置、印字装置等は、転倒防止用の措
　　　置を施す。

第3節　配　　　線

2.3.1
配　　　　　線

　　配線は、本項によるほか、電気事業法（昭和39年法律第170号）、「電
気設備に関する技術基準を定める省令」及び電気用品安全法（昭和
36年法律第234号）の定めによる。
(ア)　同軸ケーブルの曲げ半径は、ケーブル外径の10倍以上とする。
(イ)　光ケーブルの曲げ半径は、ケーブル外径の、敷設時で20倍、
　　　固定時で10倍以上とする。
(ウ)　自動制御盤、プルボックス等の配線及びケーブルには、回路種
　　　別、行先表示等を表示する。
(エ)　シールド電線の接続は、コネクター又は端子により行い、その
　　　部分には、シールド処理を施す。
(オ)　ボックス又は端子盤から機器への引出し配線が露出する部分
　　　は、これをまとめて保護を行う。
(カ)　耐火ケーブル相互及び耐熱ケーブル相互の接続は、消防法等の
　　　関係法令の定めによる。
(キ)　電線等が防火区画等を貫通する場合の措置は、建築基準法等の
　　　関係法令の定めによる。
(ク)　金属管の支持間隔は、2.0m以下とする。
(ケ)　ケーブルラックは吊り金物による支持とし、吊り間隔を鋼製の
　　　場合は2.0m以下、アルミニウム合金製の場合は1.5m以下とす
　　　るほか、ケーブルラック端部にも吊りを施す。
(コ)　支持金物は、スラブ等の構造体に取付ける。

(サ) 自動制御の接地工事は、次による。
 (a) 管、ボックス等には、D種接地を施す。ただし、小勢力回路、出退表示回路等の最大電圧60V以下の直流電気回路計測制御配線の配管は、接地工事を省略できる。
 (b) 小勢力回路、出退表示回路等の最大電圧60V以下の直流電気回路を除き、管とボックス及び管と制御盤等の間は、ボンディングを施し、電気的に接続する。
 (c) 接地線は、緑色の絶縁電線を使用する。
(シ) 耐震支持は、次による。
 (a) 機器、配管等の耐震支持は、所要の強度を有していない簡易壁（ALC パネル、PC パネル、ブロック等）に支持をしてはならない。
 (b) 機器は、地震時の設計用水平震度（以下「水平震度」という。）及び設計用鉛直震度（以下「鉛直震度」という。）に応じた地震力に対し、移動、転倒又は破損しないように、床スラブ、基礎等に固定する。
  なお、水平震度及び鉛直震度は、特記による。
 (c) 横引き配管等は、次によるほか、地震時の水平震度及び鉛直震度に応じた地震力に耐えるよう、表4.2.1により標準図（電気配管振れ止め支持要領）のS_A種、A種又はB種耐震支持を行う。
  なお、S_A種及びA種耐震支持は、地震時に作用する引張り力、圧縮力及び曲げモーメントそれぞれに対応する材料で構成し、S_A種耐震支持では1.0、A種種耐震支持では0.6を配管等の重量に乗じて算出する耐震支持材を用いることができる。また、B種耐震支持は、地震時に作用する引張り力に対応する振れ止め斜材のみで構成し、つり材と同等の強度を有する材料を用いる。

表4.2.1　横引き配管等の耐震支持

設置場所[*1]	特定の施設		一般の施設	
	電気配線（金属管・金属ダクト・バスダクト等）	ケーブルラック	電気配線（金属管・金属ダクト・バスダクト等）	ケーブルラック
上層階[*2]屋上及び塔屋	12m以内ごとにS_A種耐震支持	6m以内ごとにS_A種耐震支持	12m以内ごとにA種耐震支持	8m以内ごとにA種又はB種耐震支持
中間階[*3]	12m以内ごとにA種耐震支持	8m以内ごとにA種耐震支持	12m以内ごとにA種又はB種耐震支持	12m以内ごとにA種又はB種耐震支持
1階及び地下階				

備考　特記がなければ、一般の施設を適用する。
注　＊1　設置場所の区分は、配管等を支持する床部分により適用し、天井面より支持する配
　　　　管等は、直上階を適用する。
　　＊2　上層階は、2から6階建の場合は最上階、7から9階建の場合は上層2階、10から12
　　　　階建の場合は上層3階、13階建以上の場合は上層4階とする。
　　＊3　中間階は、1階及び地下階を除く各階で上層階に該当しない階とする。

① 次のいずれかに該当する場合は、耐震支持を省略できる。
　㋐ 呼び径が82mm以下の単独配管
　㋑ 周長800mm以下の金属ダクト、幅400mm未満のケーブル
　　ラック及び幅400mm以下の集合配管
　㋒ 定格電流600A以下のバスダクト
　㋓ つり材の長さが平均0.2m以下の配管等
② 長期荷重で支持材を選定する場合は、鉛直震度に耐えるも
　のとして耐震支持材の算出に鉛直震度を加算しないことがで
　きる。
③ 横引き配管等の耐震支持は、管軸方向に対しても行う。
④ 横引き配管等の末端から2m以内、曲がり部及び分岐部付
　近には、耐震支持を行う。
(d) 垂直配管等は、地震時の水平震度及び鉛直震度に応じた地震
　力に耐えるよう、表4.2.2により標準図（電気配管振れ止め支
　持要領）のS_A種又はA種耐震支持を行う。
　　なお、S_A種及びA種耐震支持は、地震時に作用する引張り力、
　圧縮力及び曲げモーメントそれぞれに対応する材料で構成し、
　S_A種耐震支持では1.0、A種種耐震支持では0.6を配管等の重
　量に乗じて算出する耐震支持材を用いることができる。

表4.2.2　垂直配管等の耐震支持

設置場所＊1	特定の施設		一般の施設	
	電気配線（金属管・金属ダクト・バスダクト等）	ケーブルラック	電気配線（金属管・金属ダクト・バスダクト等）	ケーブルラック
上層階＊2屋上及び塔屋	電気配線の支持間隔ごとに自重支持（S_A種耐震支持）	支持間隔6m以下の範囲、かつ、各階ごとにS_A種耐震支持	電気配線の支持間隔ごとに自重支持（A種耐震支持）	支持間隔6m以下の範囲、かつ、各階ごとにA種耐震支持
中間階＊3	電気配線の支持間隔ごとに自重支持（A種耐震支持）	支持間隔6m以下の範囲、かつ、各階ごとにA種耐震支持		
1階及び地下階				

備考　特記がなければ、一般の施設を適用する。
注　＊1　設置場所の区分は、配管等を支持する床部分により適用し、天井面より支持する配管等は、直上階を適用する。
　　＊2　上層階は、2から6階建の場合は最上階、7から9階建の場合は上層2階、10から12階建の場合は上層3階、13階建以上の場合は上層4階とする。
　　＊3　中間階は、1階及び地下階を除く各階で上層階に該当しない階とする。

① 耐震支持の省略は、(c)①による。
② 長期荷重で支持材を選定する場合は、鉛直震度に耐えるものとして耐震支持材の算出に鉛直震度を加算しないことができる。
(ス) 建築物への導入部及び建築物のエキスパンションジョイント部の配管等は、標準図（建築物導入部の変位吸収電気配管要領、建築物エキスパンションジョイント部電気配線要領）による。

第4節　総合試運転調整等

2.4.1
個別運転調整

総合試運転調整に先立ち、自動制御機器、自動制御盤及び中央監視制御装置に、各々仮入力信号等を与えて、要求される基本動作を確認する。

2.4.2
総合試運転調整

(1) 自動制御設備の総合試運転調整は、設備システム全体の総合試運転調整に併せて行うものとし、総合試運転調整の項目は、次による。
　(ア) 監視・制御対象の機器の運転・停止及び連動の確認
　(イ) 設定値及び運転内容が、設計条件を満たす範囲であることの確認
　(ウ) 制御状態を確認し、必要に応じて、制御パラメータの微調整
(2) 総合試運転調整完了後、制御・計測調整報告書を監督職員に提出する。制御・計測調整報告書は、日時、系統名、機器名称、型番、取付位置・状態、設定値（設定値協議書を含む。）、実測値及び制御動作状態を記入したものとする。また、エネルギー管理機能を備える場合は、総合試運転調整時の計測、計量等のデータによるグラフ等を監督職員に提出する。
　なお、制御・計測値が確認できない電気式の場合を除く。

第5節　撤　　去

2.5.1
一　般　事　項

　　第1編第4章「撤去」及び第5章「発生材の処理等」の当該事項によるほか、特記による。

2.5.2
既存設備の撤去

(1)　既存設備の撤去に先立ち、設備システム全般にわたって、支障がないことを確認する。

(2)　配管挿入形の検出器等を撤去する場合は、保護管の撤去は、原則として、行わない。
　　なお、撤去後は、プラグ止めを行い、閉止する。

(3)　ダクト挿入形の検出器等を撤去する場合は、撤去後の開口部をプレート等で塞ぎ、周囲にシールを行い空気の漏洩を防ぐ。

(4)　蒸気・冷温水等の流体用検出端の導圧管撤去は、原則として、第2編2.8.2「既設配管の撤去」による。

(5)　電線管、配線等の撤去範囲は特記による。

第5編　　給排水衛生設備工事

第1章 機　　材

第1節　機器・器具

1.1.1
一　般　事　項

(1)　新設される機器及び衛生器具の仕様は、第2節「消火機器」を除き、標準仕様書第5編第1章「機材」の当該事項によるほか、特記による。

(2)　再使用する機材は、取外し後、配管接続部の点検及び清掃を行い、適切に養生する。

(3)　衛生器具を再使用する場合は、写真等で取外し前の状況を監督職員に報告する。

(4)　機器の搬入又は移設に伴い、機器を分割する必要が生じた場合は、監督職員と協議する。

1.1.2
試　　　　　験

新設される機器の試験は、標準仕様書第5編第1章「機材」の当該事項による。

なお、分割搬入の必要のある機器の試験は特記による。

第2節　消火機器

1.2.1
一　般　事　項

(1)　新設される消火機器の仕様は、1.2.2「不活性ガス消火（二酸化炭素消火）」、1.2.3「ハロゲン化物消火（ハロン消火）」又は標準仕様書第5編第1章「機材」の当該事項によるほか、特記による。

(2)　消防法施行規則第31条の4の規定に基づく登録認定機関の認定の対象となる機材は、当該登録機関の認定品とする。

(3)　第三者機関による性能評定品の対象となる機材は、当該機関の性能評定品又は同等以上の性能を有するものとする。

1.2.2
不活性ガス消火
（二酸化炭素消
火）

1.2.2.1
消　火　剤

消火剤は、JIS K 1106「液化二酸化炭素（液化炭酸ガス）」の2種

又は3種に適合するものとする。

1.2.2.2
噴射ヘッド

(ｱ)　噴射ヘッドは、設置場所に適応する形状及び寸法のものとし、放射圧力1.4MPa以上において、規定量の消火剤を規定時間内に放射できる構造のもので、「不活性ガス消火設備等の噴射ヘッドの基準」（平成7年消防庁告示第7号）に適合するものとする。
(ｲ)　噴射ヘッドは青銅製、黄銅製又はステンレス鋼製とし、放射ホーンは、原則として、鋼板製とする。

1.2.2.3
貯蔵容器

(ｱ)　貯蔵容器は、高圧ガス保安法及び同法に基づく省令に定める容器検査に合格したもので、充塡比が1.5以上1.9以下であるものとする。
(ｲ)　容器には、安全装置、容器弁及び容器弁開放装置（ガス圧式又は電気式）を備える。
　　なお、安全装置及び容器弁は「不活性ガス消火設備等の容器弁、安全装置及び破壊板の基準」（昭和51年消防庁告示第9号）に適合するものとする。

1.2.2.4
起動用ガス容器

(ｱ)　起動用ガスは、二酸化炭素又は窒素とする。
(ｲ)　起動用ガスに二酸化炭素を使用するものは、内容積1L以上のもので、0.6kg以上（充塡比1.5以上）を貯蔵するものとする。
(ｳ)　容器は、高圧ガス保安法及び同法に基づく省令に定める容器検査に合格したものとする。
(ｴ)　容器には、安全装置、容器弁及び電気式容器弁開放装置を備える。
　　なお、安全装置及び容器弁は「不活性ガス消火設備等の容器弁、安全装置及び破壊板の基準」に適合するものとする。

1.2.2.5
選択弁

選択弁は、青銅製、黄銅製、ステンレス鋳鋼製、機械構造用炭素鋼製又は高温高圧用鋳鋼製とし、ガス圧開放方式又は電気的開放方式により迅速確実に開放ができ、かつ、手動開放もできる構造とし、「不活性ガス消火設備等の選択弁の基準」（平成7年消防庁告示第2号）に適合するものとする。

1.2.2.6
安全装置等

　　貯蔵容器と選択弁との間に設ける安全装置等は、「不活性ガス消火設備等の容器弁、安全装置及び破壊板の基準」に適合するものとする。

1.2.2.7
手動起動装置

　　手動起動装置は、音響警報起動用スイッチ、放出起動用スイッチ（保護カバー付き）、停止用スイッチ等を内蔵し、電源表示灯及び起動表示灯を備えたものとする。

1.2.2.8
音響警報装置

　　音響警報装置は、起動用スイッチと連動する音声とし、消火剤放出前に警報を遮断することができない構造のもので、「不活性ガス消火設備等の音響警報装置の基準」（平成7年消防庁告示第3号）に適合するものとする。

1.2.2.9
放出表示灯

　　放出表示灯は、鋼板製、ステンレス鋼板製又は難燃性合成樹脂製の箱形で、前面に合成樹脂製の表示板を、内部に表示灯を取付けた壁付形とし、表示板は動作時に白地又は暗紫色に赤文字が点灯又は点滅するものとする。

1.2.2.10
制　　御　　盤

　　制御盤は、「不活性ガス消火設備等の制御盤の基準」（平成13年消防庁告示第38号）に適合するものとする。

1.2.2.11
非常電源装置

　　非常電源装置は、消防法施行規則第19条第5項第20号及び同項第24号の規定に適合するものとする。

1.2.2.12
貯蔵容器取付枠

　　貯蔵容器の取付枠は、形鋼製の組立式で、容器の出し入れが容易にできるとともに、容器の計量に便利な構造とする。

1.2.2.13
安　全　対　策

　　(ｱ)　安全対策は、「二酸化炭素消火設備の安全対策について」（平成8年消防予第193号、消防危第117号通知）の基準のほか、「全域放出方式の二酸化炭素消火設備の安全対策ガイドラインについて」（平成9年消防予第133号）の基準に適合するものとする。
　　(ｲ)　制御盤には、閉止弁「閉」の表示及び閉止弁「開」の表示を設

けるものとする。

1.2.3
ハロゲン化物消火(ハロン消火)

1.2.3.1
消　火　剤

　消火剤は、ドデカフルオロ-2-メチルペンタン-3-オン（FK-5-1-12）
又はブロモトリフルオロメタン　（ハロン1301）とする。

1.2.3.2
噴射ヘッド

(ｱ)　噴射ヘッドは、設置場所に適応する形状及び寸法のものとし、
　　FK-5-1-12を貯蔵するものにあっては放射圧力0.3MPa以上、ハ
　　ロン1301を貯蔵するものにあっては放射圧力0.9MPa以上にお
　　いて、規定量の消火剤を規定時間内に放射できる構造のもので、
　　「不活性ガス消火設備等の噴射ヘッドの基準」に適合するものと
　　する。
(ｲ)　噴射ヘッドは、青銅製、黄銅製又はステンレス鋼製とし、放射
　　ホーンは、原則として、鋼板製とする。

1.2.3.3
貯　蔵　容　器

(ｱ)　貯蔵容器は、高圧ガス保安法及び同法に基づく省令に定める容
　　器検査に合格したもので、消火剤の充塡比が、FK-5-1-12を貯
　　蔵するものにあっては0.7以上1.6以下、ハロン1301を貯蔵する
　　ものにあっては0.9以上1.6以下とし、充塡圧力が温度20度にお
　　いて4.2MPaとなるように窒素ガスで加圧したものとする。
(ｲ)　容器には、安全装置、容器弁及び容器弁開放装置（ガス圧式又
　　は電気式）を備えたものとする。
　　なお、安全装置及び容器弁は、「不活性ガス消火設備等の容器
　　弁、安全装置及び破壊板の基準」に適合するものとする。

1.2.3.4
起動用ガス容器

(ｱ)　起動用ガスは、二酸化炭素又は窒素とする。
(ｲ)　起動用ガスに二酸化炭素を使用するものは、内容積1L以上の
　　もので、0.6kg以上（充塡比1.5以上）を貯蔵するものとする。
(ｳ)　容器は、高圧ガス保安法及び同法に基づく省令に定める容器検
　　査に合格したものとする。
(ｴ)　容器には、安全装置、容器弁及び電気式容器弁開放装置を備え
　　る。
　　なお、安全装置及び容器弁は「不活性ガス消火設備等の容器

弁、安全装置及び破壊板の基準」に適合するものとする。

1.2.3.5
選　択　弁

　選択弁は、青銅製、黄銅製、ステンレス鋳鋼製、機械構造用炭素鋼製又は高温高圧用鋳鋼製とし、ガス圧開放方式又は電気的開放方式により迅速確実に開放ができ、かつ、手動開放もできる構造とし、「不活性ガス消火設備等の選択弁の基準」に適合するものとする。

1.2.3.6
安　全　装　置　等

　貯蔵容器と選択弁との間に設ける安全装置等は、「不活性ガス消火設備等の容器弁、安全装置及び破壊板の基準」に適合するものとする。

1.2.3.7
手動起動装置

　手動起動装置は、音響警報起動用スイッチ、放出起動用スイッチ（保護カバー付き）、停止用スイッチ等を内蔵し、電源表示灯及び起動表示灯を備えたものとする。

1.2.3.8
音響警報装置

　音響警報装置は、起動用スイッチと連動する音声とし、消火剤放出前に警報を遮断することができない構造のもので、「不活性ガス消火設備等の音響警報装置の基準」に適合するものとする。

1.2.3.9
放　出　表　示　灯

　放出表示灯は、鋼板製、ステンレス鋼板製又は難燃性合成樹脂製の箱形で、前面に合成樹脂製の表示板を、内部に表示灯を取付けた壁付形とし、表示板は動作時に白地又は暗紫色に赤文字が点灯又は点滅するものとする。

1.2.3.10
制　　御　　盤

　制御盤は、「不活性ガス消火設備等の制御盤の基準」に適合するものとする。

1.2.3.11
非常電源装置

　非常電源装置は、消防法施行規則第20条第4項第15号及び同項第18号の規定に適合するものとする。

1.2.3.12
貯蔵容器取付枠

　貯蔵容器の取付枠は、形鋼製の組立式で、容器の出し入れが容易にできるとともに、容器の計量に便利な構造とする。

第2章　施　工

第1節　衛生器具

2.1.1
一　般　事　項

(1) 壁付け器具をコンクリート、合板張り壁、金属製パネル又は軽量鉄骨ボード壁等に取付ける場合は、次による。

　(ｱ) コンクリート壁等に取付ける場合は、エキスパンションボルト又は樹脂製プラグを使用する。

　(ｲ) 合板張り壁等に取付ける場合は、間柱と同寸法の堅木材当て木を取付ける。

　(ｳ) 金属製パネル又は軽量鉄骨ボード壁等に取付ける場合は、アングル加工材又は堅木材当て木等を取付ける。

(2) 陶器の一部をコンクリートに埋込む場合は、コンクリート又はモルタルと陶器との接触部に、厚さ3mm以上のアスファルト被覆等の緩衝材を用いて施す。

(3) 次のものは、標準図による。

　(ｱ) 衛生器具の取付け高さ

　(ｲ) 大便器、小便器、洗面器及び掃除流しとビニル管接続要領

　(ｳ) 和風便器取付け要領

　(ｴ) 耐火性能が必要となる阻集器・和風便器の防火区画貫通部処理要領

2.1.2
衛　生　器　具
　2.1.2.1
　大　便　器

　(ｱ) 据付位置を正確に定め、便器上縁を水平に定置する。

　(ｲ) 便器と排水用のビニル管の接続は、専用の床フランジ等とビニル管を接着接合し、パッキン等をはさみ込み、ボルトを用いて、ナットを上にして締付ける。

　(ｳ) 既設排水管を利用する場合で排水芯の位置調整の必要性が生じる場合は、監督職員に報告する。

　(ｴ) 便房に設ける大便器の便器洗浄ボタン及び紙巻器の配置は、JIS S 0026「高齢者・障害者配慮設計指針−公共トイレにおける便房内操作部の形状，色，配置及び器具の配置」によるものとする。

2.1.2.2
小　便　器

(ア)　壁掛及び床置小便器は、芯だしを行い、正確な位置に取付ける。

(イ)　便器と排水用のビニル管の接続方法は、2.1.2.1「大便器」(イ)による。

2.1.2.3
洗面器及び手
洗器

(ア)　所定の位置にブラケット又はバックハンガーを取付け、陶器上面が水平、かつ、がたつきのないよう固定する。器具排水口周辺と排水金具との隙間には、耐熱性不乾性シール材を詰め、漏水のないように締付ける。

(イ)　洗面器の排水トラップとビニル管の接続は、専用の排水アダプタとビニル管を接着接合し、パッキンをはさみ込み、袋ナットを用いて固定する。

(ウ)　排水トラップと配管の接続に鋼管を使用する場合は、専用アダプタを使用して接合する。

2.1.2.4
掃　除　流　し

(ア)　排水トラップとビニル管の接続は、専用の床フランジとビニル管を接着接合し、パッキン等をはさみ込み、ボルトを用いて、ナットを上にして締付け、トラップ位置の芯だしを行い、正確な位置に取付ける。

(イ)　バックハンガーの取付け及び器具排水口と排水金具との接続方法は、2.1.2.3「洗面器及び手洗器」による。

2.1.2.5
洗浄用タンク
及び洗浄管

洗浄用タンクは、所定の位置に上面が水平になるように固定する。大便器の露出洗浄管は、壁又は床に固定する。

2.1.2.6
水　　　　栓

取付周囲の状況により、使い勝手等を考慮して芯出しを行い取付ける。

なお、水栓の吐水口の外観最下端位置と水受容器のあふれ縁との間は、「給水装置の構造及び材質の基準に関する省令」第5条第2項に規定されている吐水口空間を確保するものとする。

2.1.2.7
衛生器具ユニ
ット

(ア)　衛生器具ユニットは、特記された設計用震度による地震力によって損傷を起こさない強度を有するボルト等で、地震力によって位置のずれ等を起こさないように固定する。

　　　　なお、設計用震度が特記されていない場合は、2.2.1「一般事項」の当該事項による。

(ｲ)　排水配管は、適正な勾配を確保し、排水横枝管等に接続する。

(ｳ)　複数のユニットを連結する場合は、連結部の配管等を適切に接続する。

2.1.2.8
和 風 便 器

(ｱ)　フランジ形和風便器は、あらかじめ床に設けた据付け穴に、標準図（和風便器取付け要領）により所定の位置に水平、高さとも正確に据付ける。

　　　　なお、防水層をもつ床の場合は、同層を支えブロック及び便器通水路の保護被覆部に沿って便器リム下端まで立ち上げる。

(ｲ)　差込形和風便器は、(ｱ)に準じて便器を固定し、排水管受口に不乾性シール材等の充填材を適切な厚さに塗り付けた上、片寄りのないように便器に差込み、さらに充填材を受口上端まで隙間なく詰め、上端は45°に盛り上げる。

第2節　給排水衛生機器

2.2.1
一 般 事 項

(1)　機器の据付けに際し、維持管理に必要なスペースを確保する。

(2)　基礎は、第2編第6章「基礎工事」によるほか、次による。

　　　　防振基礎は、標準基礎にストッパーを設けて、防振架台（製造者の標準仕様）を間接的に固定するものとし、ストッパーは、水平方向及び鉛直方向の地震力に耐えるもので、ストッパーと防振架台との間隙は、機器運転時に接触しない程度とする。また、地震時に接触するストッパーの面には、緩衝材を取付ける。

　　　　なお、ストッパーの形状及びストッパーの取付要領は、標準図（基礎施工要領（四））による。

(3)　鋼製架台は、機器の静荷重及び動荷重を基礎に完全に伝えるもので、建築基準法施行令第90条及び第92条並びに第129条の2の3によるものとし、材料は、「鋼構造許容応力度設計規準」（（一社）日本建築学会）に規定されたもの又はこれと同等以上のものとする。

(4)　機器は、水平に、かつ、地震力により転倒及び横滑りを起こさないように基礎、鋼製架台等に固定する。固定方法は、標準図（基礎施工要領（一）、基礎施工要領（四））による。

　　　　なお、設計用震度は特記による。ただし、特記がない場合は、次による。

　(ア)　設計用水平震度は、表5.2.1による。

表5.2.1　設計用水平震度

設置場所*1	タンク以外の機器	タ　ン　ク
上　層　階*2 屋上及び塔屋	1.0 (1.5)	1.0
中　間　階*3	0.6 (1.0)	0.6
1　階　及　び 地　下　階	0.4 (0.6)	0.6

備考　( )内の数値は、防振支持の機器の場合を示す。
注　＊1　設置場所の区分は、機器を支持している床部分により適用し、
　　　　　床又は壁に支持される機器は当該階を適用し、天井面より支持
　　　　　（上階床より支持）される機器は、支持部材取付床の階（当該
　　　　　階の上階）を適用する。
　　　＊2　上層階は、2から6階建の場合は最上階、7から9階建の場合
　　　　　は上層2階、10から12階建の場合は上層3階、13階建以上の場
　　　　　合は上層4階とする。
　　　＊3　中間階は、1階及び地下階を除く各階で上層階に該当しない
　　　　　階とする。

　(イ)　設計用鉛直震度は、設計用水平震度の1/2の値とする。
(5)　給湯設備の転倒防止措置は、建築基準法施行令第129条の2の3
　　第2号及び同令に基づく告示（平成24年国土交通省告示第1447号）
　　の定めによる。
(6)　壁掛形の機器は、2.1.1「一般事項」の当該事項により取付ける。
(7)　既存のアンカー等は、原則として、使用しない。ただし、やむを
　　得ず既存のアンカーを再使用する場合は、監督職員と協議し、アン
　　カーボルトの状態及び強度を確認する。
(8)　あと施工アンカーを使用する場合は、第2編5.1.3「あと施工ア
　　ンカー」の項による。
(9)　機器廻り配管は、機器へ荷重がかからないように、第2編2.4.1「一
　　般事項」の固定及び支持を行う。

2.2.2
ポ　ン　プ
　2.2.2.1
　揚水用ポンプ
　（横形）及び
　小形給水ポン
　プユニット

　(ア)　ポンプの基礎は、標準図（基礎施工要領（一）、基礎施工要領（四））
　　による。
　(イ)　ポンプ本体が結露する場合及び軸封がグランドパッキンの場合
　　は、ポンプの基礎には、ポンプ周囲に排水溝及び排水目皿を設け、

呼び径25以上の排水管で最寄りの排水系統に排水する。

(ウ)　防振基礎における防振材の個数及び取付け位置は、運転荷重、回転速度及び防振材の振動絶縁効率により決定する。

なお、防振材及び振動絶縁効率は特記による。特記がなければ、振動絶縁効率は80％以上とする。

(エ)　ポンプは、共通ベースが基礎上に水平になるように据付け、その後、軸心の調整を行う。

(オ)　ポンプ廻りの配管要領は、標準図（揚水ポンプ（横形）廻り配管要領）による。

2.2.2.2
揚水用ポンプ
（立形）

(ア)　ポンプの基礎は、標準図(基礎施工要領(一)、基礎施工要領(四))による。

(イ)　ポンプは、ベースが基礎上に水平になるように据付ける。

(ウ)　揚水用ポンプ（立形）の据付けは、(ア)によるほか、2.2.2.1「揚水用ポンプ（横形）及び小形給水ポンプユニット」の(ア)及び(イ)の当該事項による。

(エ)　ポンプ廻りの配管要領は、標準図（揚水ポンプ（立形）廻り配管要領）による。

2.2.2.3
水道用直結加
圧形ポンプユ
ニット

水道用直結加圧形ポンプユニットは、基礎上に水平になるように据付けるほか、転倒防止措置を講ずる。

2.2.2.4
給湯用循環ポ
ンプ

ポンプは、水平になるように据付け、配管に荷重がかからないように、本体の前後を支持金物で支持する。

2.2.2.5
深井戸用水中
モーターポン
プ

ポンプ等を吊りおろすパイプハンガー及び滑車台は、井側の上に据付ける。ポンプ及び揚水管を正確に連結して垂直に井内におろし、基礎上に水平になるように据付け、井戸ふたに固定するか又は支持バンドで支持する。水中ケーブルは、被覆を損傷しないように取付ける。

2.2.2.6
汚水、雑排水
及び汚物用水
中モーターポ
ンプ

(ア)　ポンプは、吸込みピットに水平になるように据付ける。

(イ)　水中ケーブルは、余長を束ね被覆が損傷しないようにケーブルフックに取付ける。また、吐出管の床貫通部等の隙間はモルタルを充填する。

㈦ 着脱装置は、堅固に固定し、ガイドレールは垂直に取付ける。

2.2.2.7
消火ポンプユ
ニット

2.2.2.1「揚水用ポンプ（横形）及び小形給水ポンプユニット」による。

なお、ポンプ廻りの配管要領は、標準図（消火ポンプユニット廻り配管要領）による。

2.2.3
温水発生機等

2.2.3.1
温水発生機

第3編2.1.6「温水発生機」による。

2.2.3.2
コージェネレー
ション装置

第3編2.1.8「コージェネレーション装置」による。

2.2.3.3
排熱回収型給
湯器

排熱回収型給湯器は、第3編2.1.8「コージェネレーション装置」⑴及び⑶による。

2.2.3.4
ガス湯沸器

ガス湯沸器は、2.2.1「一般事項」の当該事項により取付ける。ただし、可燃性の取付け面に、ガス機器防火性能評定（(一財)日本ガス機器検査協会）を有しない機器を取付ける場合は、背部に耐熱板（アルミニウム板で絶縁した3.2mm以上の耐火ボード）を設ける。

なお、ガステーブルが設置される場合は、ガステーブルにかからないような位置に取付ける。

2.2.3.5
潜熱回収型給
湯器

潜熱回収型給湯器は、2.2.1「一般事項」の当該事項により取付ける。ただし、可燃性の取付け面に、ガス機器防火性能評定（(一財)日本ガス機器検査協会）を有しない壁掛形の機器を取付ける場合は、背部に耐熱板（アルミニウム板で絶縁した3.2mm以上の耐火ボード）を設ける。

なお、ガステーブルが設置される場合は、ガステーブルにかからないような位置に取付ける。

2.2.3.6
貯湯電気温水器
　貯湯電気温水器は、2.2.1「一般事項」の当該事項により取付ける。

2.2.3.7
ヒートポンプ給湯機
　(ｱ)　ヒートポンプユニットは、地震動等により転倒しないように、固定金物を用いて床又は壁に取付ける。
　(ｲ)　貯湯ユニットは、2.2.1「一般事項」の当該事項により取付ける。

2.2.3.8
太陽熱集熱器
　太陽熱集熱器は、地震動等により転倒しないように、固定金物を用いて床又は壁に取付ける。

2.2.3.9
太陽熱蓄熱槽
　太陽熱蓄熱槽は、地震動等により転倒しないように、固定金物を用いて床又は壁に取付ける。

2.2.4
タ　ン　ク
2.2.4.1
FRP製、鋼板製及びステンレス鋼板製タンク
　(ｱ)　飲料用のタンクの据付位置等は、建築基準法施行令第129条の2の3及び第129条の2の4並びに同令に基づく告示に定めるところによる。
　(ｲ)　タンクの基礎は、標準図（基礎施工要領（一））による。
　(ｳ)　タンク基礎及び鋼製架台は、2.2.1「一般事項」によるものとし、荷重に対して不陸のない支持面をもつ鋼製架台（鋼板製一体形タンクにあっては架台が組込まれている構造のものは除く。）を介して水平になるように据付ける。
　(ｴ)　タンクは据付け後、清掃及び水洗を行う。飲料用の場合は、さらに次亜塩素酸ソーダ溶液等により消毒を行う。

2.2.4.2
貯湯タンク
　(ｱ)　貯湯タンクの基礎は、標準図（基礎施工要領（一））による。
　(ｲ)　立形の場合は基礎上に、横形の場合は鋼製架台を介して基礎上に水平になるように据付ける。
　(ｳ)　据付け後、清掃及び水洗を行い、飲料用の場合はさらに消毒を行う。
　(ｴ)　(ｱ)から(ｳ)までによるほか、「ボイラー及び圧力容器安全規則」に定めるところによる。

2.2.4.3 **給湯用膨張・** **補給水タンク**	(ア)　給湯用膨張・補給水タンクの基礎は、標準図（基礎施工要領（一））による。 (イ)　タンクと鋼製架台とはボルト等により固定し、基礎上に水平になるように据付ける。 (ウ)　据付け後、清掃及び水洗を行い、飲料用の場合はさらに消毒を行う。
2.2.4.4 **給湯用密閉形** **隔膜式膨張タ** **ンク**	(ア)　給湯用密閉形隔膜式膨張タンクの給湯配管に、溶解栓を取付ける場合は、標準図（密閉形隔膜式膨張タンク廻り配管要領）による。 (イ)　タンクと鋼製架台とはボルト等により固定し、基礎上に水平になるように据付ける。 (ウ)　据付け後、清掃及び水洗（通水洗浄）を行い、飲料用の場合はさらに消毒を行う。
2.2.4.5 **消火用充水タ** **ンク**	(ア)　消火用充水タンクの基礎は、標準図（基礎施工要領（一））による。 (イ)　タンクと鋼製架台とはボルト等により固定し、基礎上に水平になるように据付ける。
2.2.5 **消　火　機　器** **2.2.5.1** 　**一　般　事　項**	消火機器の据付け又は取付けの位置、方法等は、消防法施行規則及び地方公共団体の条例に定めるところによる。
2.2.5.2 **屋内消火栓箱** **及び各種格納** **箱**	箱の正面は、壁の仕上りに平行して傾きのないよう、また、ゆがみなく戸当たりに注意して所定の高さに取付ける。
2.2.5.3 **屋 外 消 火 栓** **（地上式）**	消火栓を支持するコンクリート基礎を設け、連結する配管に無理な荷重のかからないように接続する。

2.2.5.4
取付け高さ

機器類の取付け高さは、表5.2.2による。

表5.2.2　消火機器類の取付け高さ　（単位㎜）

名　　　称	取付け高さ	備　　考
屋 内 消 火 栓 開 閉 弁	1,500以下	床面からの高さ
スプリンクラー用制御弁及び各種手動起動装置	800以上1,500以下	同　　上
連結送水管送水口及び放水口並びにスプリンクラー用送水口及び連結散水設備用送水口	500以上1,000以下	地盤又は床面からの高さ

2.2.5.5
スプリンクラーヘッド

　天井面に設置するスプリンクラーヘッドは、地震時においても感熱部が天井材等に接触しないように、感熱部を天井面より下方に取付ける。ただし、コンシールド型の場合は除く。

2.2.6
厨 房 機 器

　厨房機器は、配置、高さ及び水平を調整し据付ける。
　なお、熱調理器、高さ（機器背面に背立てを有するものはこれを除いた高さ）が1.0mを超える厨房機器及び特記のある機器は、地震時に転倒及び位置ずれを起こさないよう、床又は壁に固定する。厨房機器の据付けは、標準図（厨房機器据付け要領）による。

2.2.7
機器・器具の再使用

　再使用品は、次によるほか、第1編1.4.3「再使用品」による。
　(ア)　衛生器具を再使用する場合、ボルト及びパッキン類は新品とする。
　(イ)　再使用する衛生器具は、取外しの前後で洗浄及び消毒を行った後、養生を行う。また、取外し及び再取付け時には、ひび割れ、傷等の確認を行う。
　　　なお、ひび割れ、傷等を確認した場合は、監督職員に報告する。
　(ウ)　飲料用タンク及びその他の器具を再利用する場合、清掃及び消毒を行い、水質検査結果を監督職員に提出する。
　(エ)　既設の消火機器の型式が失効している場合は、不活性ガス消火設備等の容器弁の点検時期を確認し、監督職員に報告する。

第3節　撤　去

2.3.1
一　般　事　項

　　第1編第4章「撤去」及び第5章「発生材の処理等」の当該事項によるほか、特記による。

2.3.2
機器・器具の撤去

(1)　機器の撤去に先立ち、水、冷媒、ガス、油等の接続配管が取外されていることを確認する。また、電源及び自動制御設備については、他の設備に影響しないように遮断する。
　　なお、冷媒の回収方法及び放出を防止する措置は、第3編2.4.3「冷媒の回収方法等」による。
(2)　衛生器具等を撤去する場合は、十分に洗浄を行い、汚水、汚物等による異臭の発生及び周囲の汚染の防止に努める。
(3)　飲料用タンク、消火用タンク等が使用できなくなる場合は、事前に監督職員と協議するほか、関係官署と協議する。
(4)　オイルタンク、オイルサービスタンク等の撤去は、第3編第2章「施工」の当該事項による。
(5)　オイルタンク、汚水槽、雑排水槽等密閉された空間で作業を行う場合は、第1編1.3.5「施工中の安全確保」の当該事項による換気等の措置を施す。
　　なお、汚水槽及び雑排水槽において作業を行う場合、事前に汚水及び汚物の除去を行い、清掃及び消毒を行う。
(6)　煙道及び排気筒の撤去に際しては、すすの飛散防止措置を講ずる。
(7)　ボイラー、タンク等の大形機器の撤去において、搬出経路や搬出口等の制限を受け、機器を分割・解体する必要がある場合は、監督職員と協議する。
(8)　機器の吊り装置（電動ウインチ等）とそれらを支持固定する架台（チャンネル等）等が必要な場合は、監督職員と協議する。
(9)　ハロゲン化物消火設備の撤去に際しては、消火剤を放出することなく、関係法令に従い、適切に処理する。

第6編　　ガス設備工事

第1章　一般事項

第1節　総　　則

1.1.1
一　般　事　項

(1)　都市ガス設備は、ガス事業法、同法施行令（昭和29年政令第68号）、同法施行規則（昭和45年通商産業省令第97号）、「ガス工作物の技術上の基準を定める省令」（平成12年通商産業省令第111号）、「ガス工作物の技術上の基準の細目を定める告示」（平成12年通商産業省告示第355号）、ガス事業者の規定する供給約款等の定めによる。

(2)　液化石油ガス設備は、高圧ガス保安法、同法施行令（平成9年政令第20号）、液化石油ガス保安規則（昭和41年通商産業省令第52号）及び同規則関係例示基準、容器保安規則（昭和41年通商産業省令第50号）及び同規則関係例示基準並びに液化石油ガスの保安の確保及び取引の適正化に関する法律（昭和42年法律第149号）、同法施行令（昭和43年政令第14号）、同法施行規則（平成9年通商産業省令第11号）及び同規則の例示基準並びに「LPガス設備設置基準及び取扱要領」（高圧ガス保安協会）及び「ガス機器の設置基準及び実務指針」又は「業務用ガス機器の設置基準及び実務指針」（（一財）日本ガス機器検査協会）の定めによる。

(3)　ガス機器、液化石油ガス機器等は、(1)及び(2)の法令並びにこれらの法令に基づく技術上の基準に適合するものとする。

(4)　特定ガス消費機器の設置は、特定ガス消費機器の設置工事の監督に関する法律（昭和54年法律第33号）、同法施行令（昭和54年政令第231号）及び同法施行規則（昭和54年通商産業省令第77号）の定めによる。

(5)　ガス設備の施工に際しては、ガス事業法及び液化石油ガスの保安の確保及び取引の適正化に関する法律に基づく命令のほか、建築基準法、消防法、電気事業法等の関係法令で定められた事項についても遵守することとする。

第2章　都市ガス設備及び液化石油ガス設備

第1節　機　　材

2.1.1
一 般 事 項

　新設される機材は、標準仕様書第6編第2章第1節「機材」及び第3章第1節「機材」による。

第2節　都市ガス設備の施工

2.2.1
器具の取付け
2.2.1.1
ガ ス 栓

　ガス栓は、ガス栓の形状、周囲の状況、使い勝手等を考慮した位置に設け、取付面に隙間又は傾きが生じないように取付ける。
　電気工作物に近接する場合は、関係法令に従い、必要な離隔距離を確保する。
　なお、電気コンセント付ガス栓で樹脂被覆ケーブルを用い、絶縁部に絶縁カバーを施す場合はこの限りでない。

2.2.1.2
ガス漏れ警報器

　ガス漏れ警報器の設置場所は、次によるものとし、点検に便利な壁・天井面等に設置する。
　(ア)　ガスの比重が空気より軽い場合
　　(a)　消費機器から水平距離で8m以内の場所に設置する。ただし、天井面等が0.6m以上突出した梁等によって区画される場合は、当該梁等より消費機器側に設置する。
　　(b)　警報器の下端は、天井面等の下方0.3m以内の位置に設置する。
　(イ)　ガスの比重が空気より重い場合
　　(a)　消費機器から水平距離で4m以内の場所に設置する。
　　(b)　警報器の上端が床面の上方0.3m以内の位置に設置する。

2.2.1.3
ガスメーター

　ガスメーターは、ガス事業者の規定に従い、容易に検針及び取替えできる位置に設置する。マイコンメーターについては、復帰操作も考

慮した位置とする。据置設置するものは、コンクリート（工場製品としてもよい。）又は形鋼製台上に取付ける。

なお、電気工作物に近接する場合は、関係法令に従い、必要な離隔距離を確保する。

2.2.2
管　の　接　合

(1)　管は、その断面が変形しないように管軸芯に対して直角に切断し、その切り口は平滑に仕上げる。

(2)　接合する前に、切りくず、ごみ等を十分除去し、管の内部に異物のないことを確かめてから接合する。

(3)　配管の施工を一時休止する場合等は、その管内に異物が入らないように養生する。

(4)　接合用ねじは、JIS B 0203「管用テーパねじ」による管用テーパねじとし、接合には、おねじ部にガス事業者の定めるシール材を適量塗布し、接合する。

ねじ切りした部分の鉄面は、シリコン系シール剤の塗布、防錆ペイントの塗布等ガス事業者の規定する防錆措置を施す。

(5)　溶接部の非破壊検査（放射線透過試験）の適用は、表6.2.1及びガス事業法によるほか、ガス事業者の定めによる。

表6.2.1　非破壊検査の適用範囲

圧　　力		内　　径	延　　長		
			250m未満	250m以上 500m未満	500m以上
高圧	1.0MPa以上	—	○	○	○
中圧	1.0MPa未満 0.3MPa以上	150mm以上		○	○
		150mm未満			
	0.3MPa未満 0.1MPa以上	150mm以上			○
		150mm未満			

(6)　機械的接合は、ガスケット等を所定の位置に片寄らないように取付け、所定のパイプレンチ又はモンキーレンチを用いて接合する。

(7)　フランジ接合は、清掃されたフランジ面が管軸と直角となるよう、さらに片締めのないよう取付ける。

(8)　融着接合は、接合する部分の付着物を除去し、融着機等を用いて、適切に融着を行う。

2.2.3
配　　管
2.2.3.1
一 般 事 項

(ｱ)　配管の施工に先立ち、他の設備管類及び機器との関連事項を詳細に検討し、その位置を正確に決定する。

　建築物内に施工する場合は、工事の進捗に伴い、管支持金物の取付け及びスリーブの埋込みを遅滞なく行う。

(ｲ)　本支管よりガスメーターまでの管（供給管及び灯外内管）において、水の溜まるおそれのあるときは、水取器を取付ける。

(ｳ)　屋外地中配管の分岐及び曲り部には、地中埋設標を設置する。なお、設置箇所は特記による。

(ｴ)　天井、床、壁等を貫通する見え掛り部には、管座金を取付ける。

(ｵ)　気密試験を行うためのガス栓が居室内にない場合には、ガスメーター近傍等に試験孔を設置する。

(ｶ)　配管は、煙突等の火気に対して十分な間隔を保持する。また、電線及び電気工作物に近接又は交差する場合は、関係法令に従い、必要な離隔距離を確保するか又は防護措置を行う。

(ｷ)　フレキ管の配管において、スラブ内及びコンクリート増打ち内に配管する場合は、さや管を使用する。

　なお、さや管は、ガス用CD管とする。

(ｸ)　建築基準法施行令第112条第20項に規定する準耐火構造等の防火区画等を貫通する管は、その隙間をモルタル又はロックウール保温材で充填する。

(ｹ)　梁等の貫通部には接合部を設けない。

(ｺ)　建築物の導入部の配管は、ポリエチレン管又は可とう性を有するものとし、ガス事業者が承認したものとする。

(ｻ)　不等沈下のおそれのある部分の配管は、溶接により接合された鋼管、ポリエチレン管又は可とう性を有するものとし、ガス事業者が承認したものとする。

(ｼ)　管を埋戻す場合は、土被り約150mm程度の深さに埋設表示用アルミテープ又はポリエチレンテープを埋設する。

2.2.3.2
吊り及び支持

(ｱ)　吊り及び支持は、第2編2.4.1「一般事項」(2)及び2.4.3「吊り及び支持」による。

(ｲ)　他の配管、機器等からは、配管支持をとらない。

(ｳ)　床ころがし配管は、支持具を用いて支持する。

(ｴ)　フレキ管の支持固定は、横走り管は2m以内ごとに行う。

2.2.3.3
埋　設　深　さ

　管の地中埋設深さは、車両道路では管の上端より600㎜以上、それ以外では300㎜以上とする。

2.2.4
塗　　　　　装

　塗装は、第2編3.2.1「塗装」による。ただし、鋼管のねじ接合箇所の余ねじ部のさび止め塗装は、ガス事業者の定めによる。

2.2.5
防　食　処　置

　鋼管で、腐食のおそれのある部分は、次による防食処置を施すものとする。ただし、監督職員の承諾の上、ガス事業者の定める工法によることができる。

　　㈠　地中配管及び次の部分は、原則として、第2編2.5.3「防食処置」による。
　　　⒜　地中からの立上り部及び立下り部の土と接触する部分
　　　⒝　床下の多湿部及び屋内の水の影響を受けるおそれがある場所の露出部
　　㈡　コンクリート埋設及び貫通する部分の鋼管類（合成樹脂等で外面を被覆された部分は除く。）には、ビニル粘着テープ又はプラスチックテープを1/2重ね1回巻きを行う。
　　㈢　鉄骨造、鉄筋コンクリート造及び鉄骨鉄筋コンクリート造建物に引き込まれる箇所の付近の露出部配管には、絶縁継手を設ける。
　　㈣　地中配管に電気防食を施す場合は、ガス工作物の技術上の基準を定める省令第47条（防食処置）による。

2.2.6
試　　　　　験

　⑴　試験は、最高使用圧力以上の圧力で圧力保持による気密試験を行い、漏えいがないことを確認する。
　⑵　耐圧部分（最高使用圧力が高圧又は中圧のガスによる圧力が加えられる部分）については、最高使用圧力の1.5倍以上の圧力により、耐圧試験を行う。
　⑶　気密試験終了後、ガスへの置換を行い、配管内がガスに置換されていることを点火試験等により確認する。

第3節　液化石油ガス設備の施工

2.3.1
器具の取付け
　2.3.1.1
　ガ　ス　栓

　ガス栓は、ガス栓の形状、周囲の状況、使い勝手等を考慮した位置に設け、取付面に隙間又は傾きが生じないように取付ける。

　電気工作物に近接する場合は、関係法令に従い、必要な離隔距離を確保する。

　なお、電気コンセント付ガス栓で樹脂被覆ケーブルを用い、絶縁部に絶縁カバーを施す場合はこの限りでない。

　2.3.1.2
　ガス漏れ警報器

　ガス漏れ警報器の設置場所は、次によるものとし、点検に便利な壁面に設置する。
　　(ア)　消費機器から水平距離で4m以内の場所に設置する。
　　(イ)　警報器の上端が床面の上方0.3m以内の位置に設置する。

　2.3.1.3
　ガスメーター

　ガスメーターは、ガス事業者の規定に従い、容易に検針及び取替えできる位置に設置する。マイコンメーターについては、復帰操作も考慮した位置とする。

　2.3.1.4
　その他の設備の取付け

　充填容器の取付けは、ガス事業者の規定によるほか、充填容器廻りの施工は、標準図（液化石油ガス容器転倒防止施工要領）による。

2.3.2
管　の　接　合

　(1)　鋼管の接合は、2.2.2「管の接合」による。ただし、溶接部の非破壊検査の適用、検査の種類及び抜取率は特記による。
　(2)　銅管の接合は、差込接合とし、取外しの必要がある箇所は、フレア継手を使用する。差込接合は、管の外面及び継手の内面を十分清掃した後、管を継手に正しく差込み、適温に加熱して、軟ろう合金を流し込む。

2.3.3
配　　　　　管

　配管は、2.2.3「配管」によるほか、「LPガス設備設置基準及び取扱要領」及び「ガス機器の設置基準及び実務指針」又は「業務用ガス機器の設置基準及び実務指針」による。

2.3.4
塗　　　　装　　　塗装は、第2編3.2.1「塗装」による。

2.3.5
防 食 処 置　　　防食処置は、2.2.5「防食処置」による。

2.3.6
試　　　　験　　　試験は、2.2.6「試験」による。ただし、気密試験の圧力値は高圧
　　　　　　　　側1.56MPa以上、低圧側8.4kPa以上10.0kPa以下とする。

第4節　撤　　去

2.4.1
一 般 事 項　　　第1編第4章「撤去」及び第5章「発生材の処理等」の当該事項に
　　　　　　　　よるほか、特記による。

2.4.2
既存設備の撤去　(1)　既設配管等の撤去範囲は特記による。ただし、その位置で不具合
　　　　　　　　　　が生じた場合又は接続が不可能若しくは危険と判断される場合は、
　　　　　　　　　　監督職員と協議する。
　　　　　　　　(2)　ガス設備の撤去は、撤去範囲のガスを完全に遮断し、必要に応じ
　　　　　　　　　　て、設備内の残留ガスを燃焼パージ又は大気放散し、設備内の残留
　　　　　　　　　　ガスを完全に抜取り後作業を行う。また、着火事故防止の観点より
　　　　　　　　　　撤去作業は、可燃性ガス検知器での監視状態のもとで行い、消火器、
　　　　　　　　　　水バケツ等を準備して行う。
　　　　　　　　(3)　撤去作業に当たっては、火気の使用を禁止する。また、電動工具
　　　　　　　　　　（防爆機能の確認されたものを除く。）は、使用しない。
　　　　　　　　(4)　配管の切断は、手動のカッターを使用し、火花発生のおそれのあ
　　　　　　　　　　る工具の使用は禁止する。
　　　　　　　　(5)　機器及び器具の撤去を行う場合は、ガス栓等の閉止機能を確認す
　　　　　　　　　　る。また、機器及び器具を取外した後、ガス栓等に「操作厳禁」等
　　　　　　　　　　の表示を行うほか、ガスの漏出を防止するため、プラグ等で確実に
　　　　　　　　　　末端処理を行う。

第7編　　昇降機設備工事

第1章　一般事項

第1節　総　　則

1.1.1
一　般　事　項

(1)　本設備は、建築基準法、同法施行令及び同令に基づく告示並びに地方公共団体の条例等の定めによる。

(2)　新設されるロープ式エレベーター、小荷物専用昇降機及びエスカレーターは、標準仕様書第9編「昇降機設備工事」によるものとし、一般油圧エレベーターの仕様は、本編による。

(3)　エレベーターに戸開走行保護装置及び地震時管制運転装置を設置した場合は、（一社）建築性能基準推進協会のエレベーター安全装置設置済マークを、かご内に表示する。

第2節　仮設工事等

1.2.1
一　般　事　項

(1)　適用は、ロープ式エレベーター、一般油圧エレベーター、小荷物専用昇降機及びエスカレーターとし、第1編第2章「仮設工事」によるほか、次による。

(2)　複数台のエレベーターが同一昇降路内に設置されている場合で、やむを得ず隣接するエレベーターを運転する場合は、防護ネット等により作業区分を分離し、安全対策等の措置を講ずる。
　　なお、適用は特記による。

(3)　乗場に仮間仕切りを設ける場合は、鋼板又は合板等で施すこととし、扉を設ける場合は施錠できる構造とする。ただし、設置箇所が防火区画にかかる場合は、厚さ1.5mm以上の鋼板で施すこととする。また、仮間仕切りの設置範囲は、施設管理者と協議する。

(4)　乗場に仮間仕切りを設けない場合は、施工中の表示及び工事関係者以外の立入り禁止対策を行うほか、各乗場の戸が開かない措置を講ずる。

(5)　昇降路内に石綿の封じ込め処理等が施されているおそれがある場合は、監督職員に報告する。

(6)　非常用エレベーターの改修工事を行う場合は、施設管理者と協議し施設使用に支障がないよう施工する。

第3節　撤去工事

1.3.1
一 般 事 項

第1編第4章「撤去」及び第5章「発生材の処理等」の当該事項によるほか、特記による。

1.3.2
既設機器の撤去

(1)　既設機器等の撤去範囲は特記による。

(2)　機器の撤去に先立ち、他の設備に影響を及ぼさないことを確認した後、撤去機器への電源を遮断する。

(3)　一般油圧エレベーターを撤去する場合は、撤去に先立ち、タンク内の廃油を抜き取り、消防法、廃棄物処理法その他関係法令等の定めに従い、回収し、専門業者が適正に処理する。

(4)　撤去に際しては、原則として、火気を使用してはならない。また、粉じん等の飛散を防止する措置を講ずる。

なお、やむを得ず火気を使用する場合は、監督職員と協議する。

(5)　床、壁等の撤去後の開口部の補修方法及び仕上げの仕様は特記による。特記がなければ、監督職員と協議する。

1.3.3
既設機器の搬出

搬出方法は特記による。

なお、搬出経路に開口等を設ける場合は、監督職員と協議する。

第2章　一般油圧エレベーター

第1節　一般事項

2.1.1
一 般 事 項

本章は、乗用、寝台用、人荷共用及び荷物用のエレベーターで間接式（片持式、せり上げ式及び上吊り方式）のものに適用する。

2.1.2
構　　　　成

構成は、機械室内機器、かご、乗場、昇降路内機器、安全装置及び附属品とする。

第2節　機材及び施工

2.2.1
機械室内機器
　2.2.1.1
　　油圧パワーユ
　　ニット

(ｱ)　油圧パワーユニットは、油タンク、油圧ポンプ、電動機、流量制御装置、逆止弁、手動下降弁、安全弁、サイレンサー、圧力計等で構成されるものとする。

(ｲ)　油タンクは、厚さ1.6mm以上の鋼板製とし、シリンダーからの戻り油により油中に気泡が生じない構造とし、その容積は、戻り油全量が油タンク内に戻った時点の油量の110%以上とする。

(ｳ)　油圧ポンプは、電動機の回転により油を油圧配管を経由し、シリンダーに圧送するもので、頻繁な始動にも十分耐えられる構造とする。

(ｴ)　電動機は、次による。
　(a)　電動機は、エレベーター用に製作されたものとし、電動機の始動電流実効値は、次の範囲とする。
　　①　流量制御弁方式の場合　　　　　　　　　　　　　500%以下
　　②　可変電圧可変周波数制御方式の場合　　　　　　　400%以下

(ｵ)　電動機は、標準仕様書第2編1.2.1.1「誘導電動機の規格及び保護方式」による次の試験を行い、その試験成績書を監督職員に提出する。
　(a)　特性試験（抵抗測定、無負荷試験及び拘束試験）
　(b)　温度試験
　(c)　耐電圧試験
　(d)　絶縁抵抗試験

(ｶ)　流量制御装置は、可変電圧可変周波数制御方式又は流量制御弁方式により、いずれも円滑に油の吐出量を制御できるものとする。

(ｷ)　手動下降弁は、停電その他の事情でエレベーターが途中で停止した場合に、この弁を操作してエレベーターを低速で下降運転できる構造とする。

(ｸ)　油圧配管は、JIS G 3454「圧力配管用炭素鋼鋼管」、JIS G 3455「高圧配管用炭素鋼鋼管」又は同等以上のものとし、継手は製造者の標準仕様とする。また、地震等の振動及び建物の層間変形により損傷を受けないこととする。

　2.2.1.2
　　電源盤及び制
　　御盤

(ｱ)　電源盤及び制御盤は、製造者の標準仕様とする。

(ｲ)　高調波対策は、標準仕様書第2編1.2.2.2「インバーター用制

御及び操作盤」(エ)(e)によるものとし、適用は特記による。

(ウ)　可変電圧可変周波数制御方式による高周波ノイズ対策は、標準仕様書第2編第1章1.2.2.2「インバーター用制御及び操作盤」(エ)(f)によるものとする。

(エ)　動力計測用電力量計を設ける場合は、パルス発信機能付きとし、適用は特記による。

(オ)　かごの着床精度は、表7.2.1の値に制御できるものとする。ただし、供給電源の電圧変動は5%以内、周波数変動は1%以内とし、かつ、かご内荷重は定格積載量における着床時の値とする。

表7.2.1　着床精度（定格速度45m/min以下）（単位㎜）

乗用、寝台用、人荷共用エレベーター	±20以内
荷物用エレベーター	±25以内

2.2.2
か　　　　ご

かごは、標準仕様書第9編2.2.2「かご」の当該事項による。

2.2.3
乗　　　　場

乗場は、標準仕様書第9編2.2.3「乗場」の当該事項による。

2.2.4
昇降路内機器
2.2.4.1
プランジャー及びシリンダー

プランジャー及びシリンダーは、JIS G 3445「機械構造用炭素鋼鋼管」、JIS G 3454「圧力配管用炭素鋼鋼管」又はこれらと同等以上のものとする。

2.2.5
安　全　装　置

安全装置は、標準仕様書第9編2.2.5「安全装置」の当該事項による。

2.2.6
耐　震　措　置

耐震措置は特記によるものとし、特記がなければ、標準仕様書第9編2.2.6「耐震措置」の当該事項による。

2.2.7
管　制　運　転　等

管制運転等は、標準仕様書第9編2.2.7「管制運転等」の当該事項による。

2.2.8
塗　　　装

塗装は、標準仕様書第9編3.2.10「塗装」の当該事項による。

2.2.9
電 気 配 線

電気配線は、標準仕様書第9編3.2.11「電気配線」の当該事項による。

2.2.10
附　属　品

附属品は、標準仕様書第9編2.2.10「附属品」の当該事項による。

2.2.11
試　　　験

試験は、標準仕様書第9編2.2.11「試験」の当該事項による。

資　　　料

資

料

引用規格一覧

(1) 日本産業規格（JIS規格）

規格番号	規格名称
JIS A 4009 2017	空気調和及び換気設備用ダクトの構成部材
JIS A 5001 2008	道路用砕石
JIS A 5308 2019	レディーミクストコンクリート
JIS A 9510 2021	無機多孔質保温材
JIS B 0203 1999	管用テーパねじ
JIS B 1180 2014	六角ボルト
JIS B 1181 2014	六角ナット
JIS B 1256 2008	平座金
JIS B 2220 2012	鋼製管フランジ
JIS B 2301 2013	ねじ込み式可鍛鋳鉄製管継手
JIS B 8122 2019	コージェネレーションシステムの性能試験方法
JIS B 8201 2013	陸用鋼製ボイラー構造
JIS B 8602 2002	冷媒用管フランジ
JIS C 3651 2014	ヒーティング施設の施工方法
JIS C 62282-3-300 2019	定置用燃料電池発電システム－設置要件
JIS G 3101 2020	一般構造用圧延鋼材
JIS G 3112 2020	鉄筋コンクリート用棒鋼
JIS G 3131 2018	熱間圧延軟鋼板及び鋼帯
JIS G 3141 2021	冷間圧延鋼板及び鋼帯
JIS G 3191 2012	熱間圧延棒鋼及びバーインコイルの形状、寸法、質量及びその許容差
JIS G 3192 2021	熱間圧延形鋼の形状、寸法、質量及びその許容差
JIS G 3193 2019	熱間圧延鋼板及び鋼帯の形状、寸法、質量及びその許容差
JIS G 3194 2020	熱間圧延平鋼の形状、寸法、質量及びその許容差
JIS G 3302 2019	溶融亜鉛めっき鋼板及び鋼帯
JIS G 3312 2019	塗装溶融亜鉛めっき鋼板及び鋼帯
JIS G 3313 2021	電気亜鉛めっき鋼板及び鋼帯
JIS G 3321 2019	溶融55％アルミニウム-亜鉛合金めっき鋼板及び鋼帯
JIS G 3350 2021	一般構造用軽量形鋼
JIS G 3445 2021	機械構造用炭素鋼鋼管
JIS G 3454 2019	圧力配管用炭素鋼鋼管
JIS G 3455 2020	高圧配管用炭素鋼鋼管
JIS G 4303 2021	ステンレス鋼棒
JIS G 4304 2021	熱間圧延ステンレス鋼板及び鋼帯

規格番号	規　格　名　称
JIS G 4305 2021	冷間圧延ステンレス鋼板及び鋼帯
JIS G 5526 2014	ダクタイル鋳鉄管
JIS G 5527 2014	ダクタイル鋳鉄異形管
JIS H 4000 2017	アルミニウム及びアルミニウム合金の板及び条
JIS H 4100 2015	アルミニウム及びアルミニウム合金の押出形材
JIS H 4160 2006	アルミニウム及びアルミニウム合金はく
JIS H 8610 1999	電気亜鉛めっき
JIS H 8641 2007	溶融亜鉛めっき
JIS H 8642 1995	溶融アルミニウムめっき
JIS K 1106 2008	液化二酸化炭素（液化炭酸ガス）
JIS K 5492 2014	アルミニウムペイント
JIS K 5516 2019	合成樹脂調合ペイント
JIS K 5551 2018	構造物用さび止めペイント
JIS K 5553 2010	厚膜形ジンクリッチペイント
JIS K 5621 2021	一般用さび止めペイント
JIS K 5674 2021	鉛・クロムフリーさび止めペイント
JIS K 6741 2016	硬質ポリ塩化ビニル管
JIS K 6804 2003	酢酸ビニル樹脂エマルジョン木材接着剤
JIS K 9798 2006	リサイクル硬質ポリ塩化ビニル発泡三層管
JIS Q 1001 2020	適合性評価－日本産業規格への適合性の認証－一般認証指針（鉱工業品及びその加工技術）
JIS Q 1011 2019	適合性評価－日本工業規格への適合性の認証－分野別認証指針（レディーミクストコンクリート）
JIS R 5210 2019	ポルトランドセメント
JIS R 5211 2019	高炉セメント
JIS R 5212 2019	シリカセメント
JIS R 5213 2019	フライアッシュセメント
JIS S 0026 2007	高齢者・障害者配慮設計指針－公共トイレにおける便房内操作部の形状，色，配置及び器具の配置
JIS Z 0313 2004	素地調整用ブラスト処理面の試験及び評価方法
JIS Z 2320-1 2017	非破壊試験－磁粉探傷試験－第1部：一般通則
JIS Z 2343-1 2017	非破壊試験－浸透探傷試験－第1部：一般通則：浸透探傷試験方法及び浸透指示模様の分類
JIS Z 3104 1995	鋼溶接継手の放射線透過試験方法
JIS Z 3106 2001	ステンレス鋼溶接継手の放射線透過試験方法
JIS Z 3201 2008	軟鋼用ガス溶加棒
JIS Z 3211 2008	軟鋼，高張力鋼及び低温用鋼用被覆アーク溶接棒
JIS Z 3316 2017	軟鋼，高張力鋼及び低温用鋼のティグ溶接用ソリッド溶加棒及びソリッドワイヤ
JIS Z 3321 2021	溶接用ステンレス鋼溶加棒、ソリッドワイヤ及び鋼帯

規格番号	規 格 名 称
JIS Z 3801 2018	手溶接技術検定における試験方法及び判定基準
JIS Z 3821 2018	ステンレス鋼溶接技術検定における試験方法及び判定基準
JIS Z 3841 2018	半自動溶接技術検定における試験方法及び判定基準
JIS Z 7253 2019	GHSに基づく化学品の危険有害性情報の伝達方法－ラベル、作業場内の表示及び安全データシート（SDS）
JIS Z 9102 1987	配管系の識別表示

⑵ （公社）日本水道協会規格（JWWA規格）

規格番号	規 格 名 称
JWWA G 113 2015	水道用ダクタイル鋳鉄管
JWWA G 114 2015	水道用ダクタイル鋳鉄異形管

⑶ ステンレス協会規格（SAS規格）

規格番号	規 格 名 称
SAS 322 2016	一般配管用ステンレス鋼鋼管の管継手性能基準
SAS 361 2014	ハウジング形管継手
SAS 363 2018	管端つば出しステンレス鋼管継手
SAS 371 2018	建築設備用ステンレス配管プレハブ加工部材

⑷ （一社）日本銅センター規格（JCDA規格）

規格番号	規 格 名 称
JCDA 0002 2002	銅配管用銅及び銅合金の機械的管継手の性能基準
JCDA 0012 2021	冷媒用銅及び銅合金管に用いる機械的管継手

⑸ 日本金属継手協会規格（JPF規格）

規格番号	規 格 名 称
JPF MP 003 2015	水道用ライニング鋼管用ねじ込み式管端防食管継手
JPF MP 005 2017	耐熱性硬質塩化ビニルライニング鋼管用ねじ込み式管端防食管継手
JPF MP 006 2019	ハウジング形管継手
JPF MDJ 004 2018	ちゅう房排水用可とう継手

⑹　**日本水道鋼管協会規格（WSP規格）**

規格番号	規　格　名　称
WSP 071 2014	管端つば出し鋼管継手加工・接合基準

⑺　**（一社）日本建築学会材料規格（JASS規格）**

規格番号	規　格　名　称
JASS 18 M-109 2013	変性エポキシ樹脂プライマー（変性エポキシ樹脂プライマーおよび弱溶剤系変性エポキシ樹脂プライマー）
JASS 18 M-111 2013	水系さび止めペイント

⑻　**（一社）日本塗料工業会規格（JPMS規格）**

規格番号	規　格　名　称
JPMS 28 2016	一液形変性エポキシ樹脂さび止めペイント

建築工事安全施工技術指針

（平成 7 年 5 月25日　建設省営監発第13号）
（最終改正　平成27年 1 月20日　国営整第216号）

第Ⅰ編　総　　　　則

（目的）
第1　本指針は，官庁施設の建築工事，建築設備工事等における事故・災害を防止
するための一般的な技術上の留意事項と必要な措置等について定め，もって施
工の安全を確保することを目的とする。

（適用範囲）
第2　本指針は，建築物の新築，増築，改修（修繕，模様替）又は解体（除却）の
ために必要な工事（以下「工事」という。）を対象とする。
　2　施工者は，本指針を参考とし，常に工事の安全な施工に努めるものとする。

第Ⅱ編　一般・共通事項

第1章　安全施工の一般事項
（法令の厳守）
第3　工事の安全施工については，建築基準法，労働安全衛生法その他関係法令等
に定めるもののほか，この指針の定めるところによること。

（一般的事項）
第4　工事の着手に先立ち，事前調査を行い，その結果に基づいて総合仮設及び工
種別の安全に関する施工計画を立て，その内容を工事関係者へ周知させるこ
と。
　　なお，事前調査に際しては既存の地中埋設管路の有無に十分に注意を払うこ
と。
　2　施工に当たっては，計画のとおり実施するとともに，常に確認を行い，計画
と相違する点を発見し，又は予見した場合は，速やかに是正措置を講ずるこ
と。
　3　事前検討の際の条件と実際の施工条件との相違又は設計変更等，新たに生じ
た状況等により当初の施工計画に変更が生じる場合は，全体状況を勘案して速
やかに是正措置を講ずること。

（安全措置一般）
第5　工事における事故・災害（火災，墜落，転落，飛来・落下，崩壊，倒壊，酸
素欠乏症等，熱中症，石綿被害，化学物質関連等）を防止するため，安全施工
に関する技術的方策を講ずること。
　2　工事中における異常気象（大雨，強風，大雪，雷等），大地震及び大津波に

対応するため，最新の気象情報等の収集に努め安全施工に関する技術的方策を講ずること。

第2章　仮設工事
（共通事項）
第6　仮設物の計画に当たっては，関連する別工事（以下「関連工事」という。）及び関連する施設との連係を総合的に考慮し，作業方法，作業手順等を検討すること。

2　仮設物の組立及び解体（使用時の不都合に際しての改造・盛替え等も含む。）に当たっては，適正な機器，材料を使用し，所定の有資格者等を配置して，計画された手順等に従って作業を行うこと。

また，当該工事及び関連工事の関係者（以下「関係者」という。）に対して，時期，範囲，順序等を周知させること。

3　仮設物の使用に当たっては，設置期間中の保守・点検を行い，良好な状態を保つとともに，関係者に対して，仮設物の使用に当たっての遵守事項を周知させること。

また，異常気象等に対しては，速やかに必要な安全対策を講ずること。

（足場）
第7　足場の計画に当たっては，想定される荷重及び外力の状況，使用期間等を考慮して，種類及び構造を決定すること。

2　足場の使用に当たっては，関係者に対して，計画時の条件等を明示したうえで，周知させること。

3　屋根面からの墜落事故防止対策として，必要に応じ，JIS A 8971（屋根工事用足場及び施工方法）による足場及び装備機材の設置を検討すること。

（仮設通路）
第8　仮設通路の計画に当たっては，設置位置，安全誘導措置等を検討すること。

2　仮設通路の使用に当たっては，表示板等による安全誘導措置を講ずること。

（作業構台）
第9　作業構台の計画に当たっては，使用目的に応じた位置，形状及び規模とするとともに，積載荷重及び外力に対して安全な構造とし，墜落，落下等の事故の防止策を検討すること。

2　作業構台の使用に当たっては，関係者に対して，積載荷重等を明示したうえで，周知させること。

（仮囲い，出入口）
第10　工事現場には，工事範囲を明確にし，第三者の侵入を防止するため，仮囲いを設置すること。

また，工事車両及び関係者の出入口を設置したうえで出入口であることを表示すること。

2　仮囲い，出入口の組立及び解体（工事に伴う盛替えを含む。）に当たっては，関係者及び第三者に十分注意して作業を行うこと。

（仮設建物）

第11 仮設建物（事務所，材料置場，下小屋等）の計画に当たっては，床荷重，強風等を考慮し，それらに耐えうる構造とすること。

2 仮設建物の使用に当たっては，火元責任者等を選任し，消火器等の設置，喫煙場所を限定する等，火災等の発生防止に努めること。

（仮設設備）

第12 工事用電力設備の計画に当たっては，関係法令等を遵守し，漏電，感電，火災等の事故防止に努めること。

2 各種仮設設備（給排水，衛生設備，空調設備，照明設備等）の計画に当たっては，全施工計画並びに作業員の作業環境及び衛生環境を考慮すること。

3 各種仮設設備の使用に当たっては，関係者に対しては，計画時の条件等を明示したうえで，周知させること。

第3章　建設機械
（一般的事項）

第13 建設機械の計画に当たっては，その機能と能力が該当作業の状況に適切であることを確認したうえで機種を選定すること。

2 建設機械の使用に当たっては，取扱い環境を把握し，倒壊，転倒，接触等の事故を防止するための措置を講ずるとともに，法令で定める有資格者に操作させること。

また，日常及び定期の点検整備を適正に行い，異常気象等に対しては，速やかに必要な安全対策を講ずること。

（賃貸機械等の使用）

第14 賃貸機械又は貸与機械の使用に当たっては，十分な点検整備がされていることを確認し，取扱い関係者に対して，操作方法，機械性能等を周知させること。

2 運転者付き機械の使用に当たっては，当該運転者が有資格者であることを確認すること。

第Ⅲ編　各　種　工　事

第1章　建築工事
（土工事）

第15 土工事の計画に当たっては，現地調査及び地盤調査の結果並びに当該工事規模，工期等の施工条件を検討したうえで，適正な構工法を選定すること。

2 山留めの点検，計測管理の方法及び体制を事前に検討したうえで確立し，地盤及び山留めの崩壊，周辺地盤の沈下，埋設物・構造物の損壊等の事故の防止策を検討すること。

3 重機の使用に当たっては，地盤の崩壊に伴う倒壊，接触，はさまれ等の事故の防止策を講ずること。

4 地山掘削や山留め支保工の組立・解体に当たっては，作業主任者を選任し，作業を指揮させること。

5 異常を確認した場合は，速やかにその防護措置を講ずること。

（地業工事）

第16 地業工事の計画に当たっては，現地調査や地盤調査を行い，埋設物の破損，重機の倒壊等の事故の防止策を検討すること。

2 地業工事の施工に当たっては，所定の有資格者に作業を指揮させること。

3 杭工事の施工に当たっては，酸欠，杭孔への転落等の事故防止策を講ずること。

（躯体工事）

第17 躯体工事の計画に当たっては，材料の飛来・落下等による事故・災害の防止策を検討すること。

特に，鉄骨工事においては，組立時の倒壊及び転倒，型枠工事においては，支柱等の崩壊を防止する措置を事前に検討すること。

2 躯体工事の施工に当たっては，各作業の有資格者に作業を指揮させること。

（仕上工事）

第18 仕上工事の計画に当たっては，飛来・落下，火災，有機溶剤中毒等，関係者への影響も考慮した事故・災害の防止策を検討すること。

2 仕上工事の施工に当たっては，足場（移動式，簡易式を含む。）からの墜落，転落等の事故防止策を講ずること。

第2章　電気設備工事

（一般的事項）

第19 電気設備工事の計画に当たっては，関連工事，関連施設及び関係者と調整のうえ，安全に関する施工計画を作成し，その計画のとおり実施すること。

（施工）

第20 電気設備工事の施工に当たっては，工事の進捗に応じた適切な機械工具，仮設設備等を選定し，適正に使用すること。

2 計画に変更が生じた場合は関係者と協議のうえ，速やかに必要な措置を講ずること。

（試運転・調整）

第21 電気設備工事の試運転・調整に当たっては，所定の有資格者の指揮のもと，感電，機器器具等による事故・災害の防止のため，作業内容を関係者に周知徹底するとともに，安全区域を設定し表示する等の対策を講ずること。

また，受電後，受変電室等への関係者以外の立入りを禁ずること。

第3章　機械設備工事

（一般的事項）

第22 機械設備工事の計画に当たっては，関連工事，関連施設及び関係者と調整のうえ，安全に関する施工計画を作成し，その計画のとおり実施すること。

（施工）

第23 機械設備工事の施工に当たっては，工事の進捗に応じた適切な機械工具，仮設設備等を選定し，適正に使用すること。

2　計画に変更が生じた場合は関係者と協議のうえ，速やかに必要な措置を講ずること。

（試運転・調整）
第24　機械設備工事の試運転・調整に当たっては，所定の有資格者の指揮のもと，高温，低温，高圧，危険物，感電，電動機器具等による事故・災害の防止のため，作業内容を関係者に周知徹底するとともに，安全区域を設定し表示する等の対策を講ずること。

（昇降機設備工事）
第25　昇降機設備の計画に当たっては関連工事，関連施設及び関係者と事前に協議を行い，据付工事開始時期及び据付工法を決定のうえ，その工法に適した安全施工計画を作成し，その計画のとおり実施すること。
2　昇降機設備の施工に当たっては，関係者に対して安全対策を講ずること。
3　昇降機設備の試運転・調整に当たっては，回転部及びロープへの巻き込まれ，ピット又はオーバーヘッド部分でのはさまれ，エレベーターシャフトへの転落等の防止に留意するとともに，関係者に対する安全対策を講ずること。
4　昇降機設備の仮使用に当たっては，管理責任者を定め，運行管理を行わせること。

第4章　外構工事
（計画）
第26　外構工事の計画に当たっては，敷地条件，関連工事間の連係及び敷地周辺への影響を考慮して，使用する機械及び作業手順を決定し，その計画のとおり実施すること。

（施工）
第27　外構工事の施工に当たっては，建設機械及び運搬車両との接触等による事故・災害の防止に努めるとともに，現場周辺での第三者に対する事故・災害の防止のための措置を講ずること。
また，作業に変更が生じた場合は，関連工事と調整を行うとともに，関係者に対して周知させること。

第5章　改修工事
（計画）
第28　改修工事の計画に当たっては，使用している施設の一部で工事を実施するため，作業日，作業時間等に制限があることを考慮し，事前調査を行ったうえで，適正な工法及び手順を決定すること。
既存施設が建設後，複数年を経過し地中埋設管路が不明な場合は，特に埋設物調査を入念に実施すること。
2　防災施設，避難通路等については，仮使用されている部分を含めた総合的な安全対策を講ずること。

（施工）
第29　改修工事の施工に当たっては，解体工事を含めた関連工事との連係を考慮

し，それぞれの作業手順に従って作業を行うとともに，周辺環境及び第三者に対する安全措置，既存施設の火災，損壊等による関係者以外への危害防止措置を講ずること。

2　振動，騒音，粉じん，石綿等，有機溶剤等による周辺環境の悪化を防止する措置を講ずること。

3　夜間作業を行う場合は，休憩所の確保等，安全衛生管理を行うこと。

（産業廃棄物）

第30　改修工事で発生する解体材は，関係法令に従って分別，保管，収集，運搬，再生，処分等を行うこと。

第6章　解体工事

（計画）

第31　解体工事の計画に当たっては，解体物，周辺環境，埋設物等の事前調査を行ったうえで，適正な工法及び手順を決定すること。

2　解体工事で発生する解体材の分別，保管，収集，運搬，再生，処分等についての適正な方法及び手順を決定すること。

（施工）

第32　解体工事の施工に当たっては，周辺環境及び第三者に対する配慮並びに飛散，倒壊等による事故・災害の防止策を講ずること。

（産業廃棄物）

第33　解体工事で発生する解体材は，関係法令に従い分別，保管，収集，運搬，再生，処分等を行うこと。

建設工事公衆災害防止対策要綱（抄）

$$\left[\begin{array}{l}令和元年9月2日\\国土交通省告示第496号\end{array}\right]$$

建築工事等編

第1章　総　　則

第1　目的

1　この要綱は、建築工事等の施工に当たって、当該工事の関係者以外の第三者（以下「公衆」という。）の生命、身体及び財産に関する危害並びに迷惑（以下「公衆災害」という。）を防止するために必要な計画、設計及び施工の基準を示し、もって建築工事等の安全な施工の確保に寄与することを目的とする。

第2　適用対象

1　この要綱は、建築物の建築、修繕、模様替又は除却のために必要な工事（以下「建築工事等」という。）に適用する。

第3　発注者及び施工者の責務

1　発注者（発注者の委託を受けて業務を行う設計者及び工事監理者を含む。以下同じ。）及び施工者は、公衆災害を防止するために、関係法令等（建築基準法、労働安全衛生法、大気汚染防止法、水質汚濁防止法、騒音規制法、振動規制法、火薬類取締法、消防法、廃棄物の処理及び清掃に関する法律（廃棄物処理法）、建設工事に係る資材の再資源化等に関する法律（建設リサイクル法）、電気事業法、電波法、悪臭防止法、建設副産物適正処理推進要綱）に加え、この要綱を遵守しなければならない（ただし、この要綱において発注者が行うこととされている内容について、契約の定めるところにより、施工者が行うことを妨げない）。

2　前項に加え、発注者及び施工者は、この要綱を遵守するのみならず、工事関係者への災害事例情報の周知や重機の排ガス規制等、より安全性を高める工夫や周辺環境の改善等を通じ、公衆災害の発生防止に万全を期さなければならない。

第4　設計段階における調査等

1　発注者は建築工事等の設計に当たっては、現場の施工条件を十分に調査した上で、施工時における公衆災害の発生防止に努めなければならない。また、施工時に留意すべき事項がある場合には、関係資料の提供等により、施工者に確実に伝達しなければならない。

2　建築工事等に使用する機械（施工者が建設現場で使用する機器等で、自動制御により操作する場合を含む。以下、「建設機械」という。）を設計する者は、これらの物が使用されることによる公衆災害の発生防止に努めなければならない。

第5 施工計画及び工法選定における危険性の除去と施工前の事前評価

1 発注者及び施工者は、建築工事等による公衆への危険性を最小化するため、原則として、工事範囲を敷地内に収める施工計画の作成及び工法選定を行うこととする。ただし、第24（落下物による危害の防止）に規定する防護構台を設置するなど、敷地外を活用する場合に十分に安全性が確保できる場合にはこの限りではない。

2 発注者及び施工者は、建築工事等による公衆への迷惑を抑止するため、原則として一般の交通の用に供する部分の通行を制限しないことを前提とした施工計画の作成及び工法選定を行うこととする。

3 施工者は、建築工事等に先立ち、危険性の事前評価（リスクアセスメント）を通じて、現場での各種作業における公衆災害の危険性を可能な限り特定し、当該リスクを低減するための措置を自主的に講じなければならない。

4 施工者は、いかなる措置によっても危険性の低減が図られないことが想定される場合には、施工計画を作成する前に発注者と協議しなければならない。

第6 建設機械の選定

1 施工者は、建設機械の選定に当たっては、工事規模、施工方法等に見合った、安全な作業ができる能力を持ったものを選定しなければならない。

第7 適正な工期の確保

1 発注者は、建築工事等の工期を定めるに当たっては、この要綱に規定されている事項が十分に守られるように設定しなければならない。また、施工途中において施工計画等に変更が生じた場合には、必要に応じて工期の見直しを検討しなければならない。

第8 公衆災害防止対策経費の確保

1 発注者は、工事を実施する立地条件等を把握した上で、この要綱に基づいて必要となる措置をできる限り具体的に明示し、その経費を適切に確保しなければならない。

2 発注者及び施工者は、施工途中においてこの要綱に基づき必要となる施工計画等に変更が生じた場合には、必要に応じて経費の見直しを検討しなければならない。

第9 隣接工事との調整

1 発注者及び施工者は、他の建設工事に隣接輻輳して建築工事等を施工する場合には、発注者及び施工者間で連絡調整を行い、歩行者等への安全確保に努めなければならない。

第10 付近居住者等への周知

1 発注者及び施工者は、建築工事等の施工に当たっては、あらかじめ当該工事の概要及び公衆災害防止に関する取組内容を付近の居住者等に周知するとともに、付近の居住者等の公衆災害防止に対する意向を可能な限り考慮しなければならない。

第11 荒天時等の対応に関する検討

1 施工者は、工事着手前の施工計画立案時において強風、豪雨、豪雪時における作業中止の基準を定めるとともに、中止時の仮設構造物、建設機械、資材等の具体的

な措置について定めておかなければならない。

第12　現場組織体制

1　施工者は、建築工事等に先立ち、当該工事の立地条件等を十分把握した上で、工事の内容に応じた適切な人材を配置し、指揮命令系統の明確な現場組織体制を組まなければならない。
2　施工者は、複数の請負関係のもとで工事を行う場合には、特に全体を統轄する組織により、安全施工の実現に努めなければならない。
3　施工者は、新規入場者教育等の機会を活用し、工事関係者に工事の内容や使用機器材の特徴等の留意点を具体的に明記し、本要綱で定める規定のうち当該工事に関係する内容について周知しなければならない。

第13　公衆災害発生時の措置と再発防止

1　発注者及び施工者は、建築工事等の施工に先立ち、事前に警察、消防、病院、電力等の関係機関の連絡先を明確化し、迅速に連絡できる体制を準備しなければならない。
2　発注者及び施工者は、建築工事等の施工により公衆災害が発生した場合には、施工を中止した上で、直ちに被害状況を把握し、速やかに関係機関へ連絡するとともに、応急措置、二次災害の防止措置を行わなければならない。
3　発注者及び施工者は、工事の再開にあたり、類似の事故が再発しないよう措置を講じなければならない。

第2章　一般事項

第14　整理・整頓

1　施工者は、常に作業場内外を整理整頓し、塵埃等により周辺に迷惑の及ぶことのないよう注意しなければならない。

第15　飛来落下による危険防止

1　施工者は、作業場の境界の近くで、かつ、高い場所から、くず、ごみその他飛散するおそれのある物を投下する場合には、建築基準法の定めるところによりダストシュートを設置する等、当該くず、ごみ等が作業場の周辺に飛散することを防止するための措置を講じなければならない。
2　施工者は、建築工事等を施工する部分が、作業場の境界の近くで、かつ、高い場所にあるとき、その他はつり、除却、外壁の修繕等に伴う落下物によって作業場の周辺に危害を及ぼすおそれがあるときは、建築基準法の定めるところにより、作業場の周囲その他危害防止上必要な部分をネット類又はシート類で覆う等の防護措置を講じなければならない。

第16　粉塵対策

1　施工者は、建築工事等に伴い粉塵発生のおそれがある場合には、発生源を散水などにより湿潤な状態に保つ、発生源を覆う等、粉塵の発散を防止するための措置を講じなければならない。

第17　適正な照明

1　施工者は、建築工事等に伴い既存の照明施設を一時撤去又は移動する場合には、公衆の通行等に支障をきたさないよう、適切な照明設備を設けなければならない。

第18　火災防止

1　施工者は、建築工事等のために火気を使用し、かつ、法令上必要な場合には、あらかじめ所轄消防署に連絡し、必要な手続きを行わなければならない。
2　施工者は、火気を使用する場合には、引火、延焼を防止する措置を講ずるほか、次の各号に掲げる措置を講じなければならない。
　一　火気の使用は、建築工事等の目的に直接必要な最小限度にとどめ、工事以外の目的に使用する場合には、あらかじめ火災のおそれのない箇所を指定し、その場所以外では使用しないこと。
　二　建築工事等の規模に見合った消火器及び消火用具を準備しておくこと。
　三　火のつき易いものの近くで使用しないこと。
　四　溶接、切断等で火花がとび散るおそれのある場合においては、必要に応じて監視人を配置するとともに、火花のとび散る範囲を限定するための措置を講ずること。

第19　危険物貯蔵

1　施工者は、作業場に危険物を貯蔵する場合には、関係法令等に従い、適正に保管しなければならない。
　　特に、可燃性塗料、油類その他引火性材料の危険物又はボンベ類の危険物は、関係法令等の定めるところにより、直射日光を避け、通気・換気のよいところに危険物貯蔵所を設置して保管するとともに、「危険物」、「火気厳禁」等の表示を行い、取扱者を選任して、保安の監督をさせなければならない。
2　施工者は、一定量以上の指定可燃物を貯蔵し又は取扱う場合には、必要に応じ、関係機関へ届出を行い、又は関係機関の許可を受けなければならない。

第20　周辺構造物への対策

1　施工者は、周辺構造物に近接して掘削を行う場合には、周囲の地盤のゆるみ、沈下、構造物の破損及び汚損等に十分注意するとともに、影響を与える可能性のある周辺構造物の補強、移設、養生等及び掘削後の埋戻方法について、その構造物の管理者とあらかじめ協議し、構造物の保全に必要な措置を講じなければならない。

第21　仮囲い、出入口

1　施工者は、工事期間中、原則として作業場の周辺にその地盤面からの高さが1.8メートル（特に必要がある場合は3メートル）以上の板べいその他これに類する仮囲いを次の各号に掲げるところに従い設け、適切に維持管理しなければならない。
　一　強風等により倒壊することがないよう十分に安全な構造とすること。
　二　工事期間に見合った耐久性のあるものとすること。
2　施工者は、仮囲いに出入口を設けるに当たっては、次の各号に掲げるところに従い適切に設置し、維持管理しなければならない。
　一　できる限り交通の支障がない箇所に設置すること。
　二　工事に必要がない限りこれを閉鎖しておくとともに、公衆の出入りを禁ずる旨

の掲示を行うこと。

三　車両の出入りが頻繁な場合、原則、交通誘導警備員を配置し、公衆の出入りを防止するとともに、出入りする車両の誘導にあたらせること。

四　扉の構造は、引戸又は内開きとすること。

第22　建設資材等の運搬

1　施工者は、運搬経路の設定に当たっては、事前に経路付近の状況を調査し、必要に応じて関係機関等と協議を行い、騒音、振動、塵埃等の防止に努めなければならない。

2　施工者は、運搬経路の交通状況、道路事情、障害の有無等について、常に実態を把握し、安全な運行が行われるよう必要な措置を講じなければならない。

3　施工者は、船舶によって運搬を行う場合には、航行する水面の管理者が指定する手続き等を遵守し、施設又は送電線等の工作物への接触及び衝突事故を防止するための措置を講じなければならない。

第23　外部足場に関する措置

1　施工者は、外部足場の倒壊及び崩壊を防止するため、外部足場の計画に当たっては、想定される荷重及び外力の状況、使用期間等を考慮して、種類及び構造を決定するとともに、良好な状態に維持管理しなければならない。

特に、外部足場と建築物の構造体との壁つなぎは、作業場の状況に応じて水平方向及び垂直方向に必要な数を堅固に取り付けるとともに、足場の脚部は、滑動及び沈下を防止するための措置を講じなければならない。

2　施工者は、建築工事等を行う部分から、ふ角75度を超える範囲又は水平距離5メートル以内の範囲に隣家、一般の交通その他の用に供せられている場所がある場合には、次の各号に掲げる落下物による危害防止のための防護棚等を設置しなければならない。

一　建築工事等を行う部分が、地盤面からの高さが10メートル以上の場合にあっては1段以上、20メートル以上の場合にあっては2段以上設けること。

二　最下段の防護棚は、建築工事等を行う部分の下10メートル以内の位置に設けること。

三　防護棚は、すき間がないもので、落下の可能性のある資材等に対し十分な強度及び耐力を有する適正な構造であること。

四　各防護棚は水平距離で2メートル以上突出させ、水平面となす角度を20度以上とし、風圧、振動、衝撃、雪荷重等で脱落しないよう骨組に堅固に取り付けること。

3　施工者は、外部足場の組立て及び解体に当たっては、事前に作業計画を立て、関係者に時期、範囲、順序等を周知させ、安全に作業を実施しなければならない。

第24　落下物による危害の防止

1　施工者は、屋外での工事期間が長期間に渡る場合及び歩行者の多い場合においては、原則として、防護構台（荷重及び外力に十分耐える構造のもの）を設置するものとする。なお、外部足場の外側より水平距離で2メートル以上の幅を有する防護構台を設けた場合は、第23（外部足場に関する措置）の規定による最下段の防護棚は省略することができる。

2　施工者は、外部足場による危害の防止のため、足場を鉄網若しくは帆布やメッシ

ュシートで覆い又はこれと同等以上の効力を有する防護措置を講じなければならない。この場合において、鉄網、帆布等は、足場骨組に緊結し、落下物による衝撃に十分耐えられる強度を有するものとし、鉄網、帆布等を支持する足場の骨組も、当該衝撃に対し、安全なものとしておかなければならない。

3　施工者は、前2項の措置に加え、資材の搬出入、組立て、足場の設置、解体時の材料、器具、工具等の上げ下ろし等、落下物の危険性を伴う場合においては、交通誘導警備員を配置し一般交通等の規制を行う等落下物による危害を防止するための必要な措置を講じなければならない。

4　施工者は、道路上に防護構台を設置する場合や防護棚を道路上空に設ける場合には、道路管理者及び所轄警察署長の許可を受けるとともに、協議に基づく必要な安全対策を講じなければならない。

第25　足場等の設置・解体時の作業計画及び手順

1　施工者は、足場や型枠支保工等の仮設構造物を設置する場合には、組立て、解体時においても第5（施工計画及び工法選定における危険性の除去と施工前の事前評価）の規定により倒壊、資材落下等に対する措置を講じなければならない。

2　施工者は、組立て、解体時の材料、器具、工具等の上げ下ろしについても、原則、一般の交通その他の用に供せられている場所を避け、作業場内で行わなければならない。

3　施工者は、手順上、第24（落下物による危害の防止）の規定に基づく鉄網若しくは帆布、防護棚等を外して作業をせざるを得ない場合においては、取り外す範囲及び期間が極力少なくなるように努めるとともに、取り外すことによる公衆への危害を防止するために、危害が及ぶおそれのある範囲を通行止めにする等の措置を講じなければならない。また、作業終了後の安全対策について立入り防止等細心の注意を払わなければならない。

第26　埋設物の事前確認

1　発注者は、作業場、工事用の通路及び作業場に近接した地域にある埋設物について、埋設物の管理者の協力を得て、位置、規格、構造及び埋設年次を調査し、その結果に基づき埋設物の管理者及び関係機関と協議確認の上、設計図書にその埋設物の保安に必要な措置を記載して施工者に明示するよう努めなければならない。

2　発注者又は施工者は、建築工事等を施工しようとするときは、施工に先立ち、埋設物の管理者等が保管する台帳と設計図面を照らし合わせて、位置（平面・深さ）を確認した上で、細心の注意のもとで試掘等を行い、その埋設物の種類、位置（平面・深さ）、規格、構造等を原則として目視により確認しなければならない。ただし、埋設物管理者の保有する情報により当該項目の情報があらかじめ特定できる場合や、学会その他で技術的に認められた方法及び基準に基づく探査によって確認した場合はこの限りではない。

3　発注者又は施工者は、試掘等によって埋設物を確認した場合においては、その位置（平面・深さ）や周辺地質の状況等の情報を、埋設物の管理者等に報告しなければならない。この場合、深さについては、原則として標高によって表示しておくものとする。

4　施工者は、工事施工中において、管理者の不明な埋設物を発見した場合、必要に応じて専門家の立ち会いを求め埋設物に関する調査を再度行い、安全を確認した後に措置しなければならない。

第27　埋設物の保安維持等

1　発注者又は施工者は、埋設物に近接して建築工事等を施工する場合には、あらかじめその埋設物の管理者及び関係機関と協議し、関係法令等に従い、埋設物の防護方法、立会の有無、緊急時の連絡先及びその方法、保安上の措置の実施区分等を決定するものとする。また、埋設物の位置（平面・深さ）、物件の名称、保安上の必要事項、管理者の連絡先等を記載した標示板を取り付ける等により明確に認識できるように工夫するとともに、工事関係者に確実に伝達しなければならない。

第28　鉄道及び軌道敷近傍での作業

1　発注者は、鉄道及び軌道敷に近接した場所で建築工事等を施工する場合においては、保全に関し必要な事項を鉄道事業者と協議しなければならない。

第29　道路区域近傍での仮設物の設置等

1　発注者及び施工者は、建築工事等に伴う倒壊及び崩落などの事象によって周辺の道路構造の保全及び道路の機能の確保に影響を与える可能性がある場合には、道路法第32条に定める道路占用許可を要しない場合であっても、あらかじめ道路管理者に連絡するとともに、道路管理者の指示を受け、又は協議により必要な措置を講じなければならない。

第30　安全巡視

1　施工者は、作業場内及びその周辺の安全巡視を励行し、事故防止施設の整備及びその維持管理に努めなければならない。
2　施工者は、安全巡視に当たっては、十分な経験を有する技術者、関係法令等に精通している者等安全巡視に十分な知識のある者を選任しなければならない。

第3章　交通対策

第31　作業場への工事車両の出入り等

1　施工者は、近接して他の建設工事が行われる場合には、施工者間で交通の誘導について十分な調整を行い、交通の安全を図らなければならない。
2　施工者は、第21（仮囲い、出入口）の規定により作業場に出入りする車両等が道路構造物及び交通安全施設等に損傷を与えることのないよう注意しなければならない。損傷させた場合には、直ちに当該管理者に報告し、その指示により復旧しなければならない。

第32　一般交通を制限する場合の措置

1　発注者及び施工者は、やむを得ず通行を制限する必要のある場合においては、道路管理者及び所轄警察署長の指示に従うものとし、特に指示のない場合は、次の各号に掲げるところを標準とする。
　　一　制限した後の道路の車線が1車線となる場合にあっては、その車道幅員は3メートル以上とし、2車線となる場合にあっては、その車道幅員は5.5メートル以上とする。
　　二　制限した後の道路の車線が1車線となる場合で、それを往復の交互交通の用に

供する場合においては、その制限区間はできる限り短くし、その前後で交通が渋滞することのないよう原則、交通誘導警備員を配置しなければならない。

2　発注者及び施工者は、建築工事等のために、一般の交通を迂回させる必要がある場合においては、道路管理者及び所轄警察署長の指示するところに従い、まわり道の入口及び要所に運転者又は通行者に見やすい案内用標示板等を設置し、運転者又は通行者が容易にまわり道を通過し得るようにしなければならない。

3　発注者及び施工者は、建築工事等の車両が交通に支障を起こすおそれがある場合には、関係機関と協議を行い、必要な措置を講じなければならない。

第33　歩行者用通路の確保

1　発注者及び施工者は、やむを得ず通行を制限する必要がある場合、歩行者が安全に通行できるよう車道とは別に、幅0.90メートル以上（高齢者や車椅子使用者等の通行が想定されない場合は幅0.75メートル以上）、有効高さは、2.1メートル以上の歩行者用通路を確保しなければならない。特に歩行者の多い箇所においては幅1.5メートル以上、有効高さは2.1メートル以上の歩行者用通路を確保し、交通誘導警備員を配置する等の措置を講じ、適切に歩行者を誘導しなければならない。

2　施工者は歩行者用通路と作業場との境には、さく、パネル等を設けること。また、歩行者用通路と車両の交通の用に供する部分との境は、移動さくを間隔をあけないように設置し、又は移動さくの間に安全ロープ等をはってすき間ができないよう設置する等明確に区分する。

3　施工者は、歩行者用通路には、必要な標識等を掲げ、夜間には、適切な照明等を設けなければならない。また、歩行に危険のないよう段差や路面の凹凸をなくすとともに、滑りにくい状態を保ち、必要に応じてスロープ、手すり及び視覚障害者誘導用ブロック等を設けなければならない。

4　施工者は上記の措置がやむを得ず確保できない場合には、施工計画の変更等について発注者と協議しなければならない。

第34　乗入れ構台

1　施工者は、乗入れ構台を設ける場合には、用途に応じた形状及び規模のものとし、想定される積載荷重及び外力に十分耐える構造としなければならない。

第35　荷受け構台

1　施工者は、荷受け構台を設ける場合には、揚重材料に応じた形状及び規模のものを適切な位置に設けるものとし、想定される荷重及び外力に十分耐える構造のものとしなければならない。

2　施工者は、荷受け構台が作業場の境界に近接している場合には、構台の周辺に手すりや幅木を設ける等落下物による危害を防止するための設備を設けなければならない。

3　施工者は、荷受け構台を設けて材料等の揚重を行うに当たっては、原則として、速やかに揚重材料を荷受け構台上から移送するものとし、やむを得ず揚重材料を荷受け構台上に滞留させる場合には、荷崩れ、風等により飛来落下するおそれのあるものは、堅固な部分に固定する等の措置を講じなければならない。

第4章　使用する建設機械に関する措置

第36　建設機械の使用及び移動

1　施工者は、建設機械を使用するに当たり、定められた用途以外に使用してはならない。また、建設機械の能力を十分に把握・検討し、その能力を超えて使用してはならない。
2　施工者は、建設機械を作動する範囲を、原則として作業場内としなければならない。やむを得ず作業場外で使用する場合には、作業範囲内への立入りを制限する等の措置を講じなければならない。
3　施工者は、建設機械を使用する場合には、作業範囲、作業条件を十分考慮のうえ、建設機械が転倒しないように、その地盤の水平度、支持耐力を調整するなどの措置を講じなければならない。特に、高い支柱等のある建設機械は、地盤の傾斜角に応じて転倒の危険性が高まるので、常に水平に近い状態で使用できる環境を整えるとともに、作業の開始前後及び作業中において傾斜計測するなど、必要な措置を講じなければならない。
4　施工者は、建設機械の移動及び作業時には、あらかじめ作業規則を定め、工事関係者に周知徹底を図るとともに、路肩、傾斜地等で作業を行う場合や後退時等には転倒や転落を防止するため、交通誘導警備員を配置し、その者に誘導させなければならない。また、公道における架空線等上空施設の損傷事故を回避するため、現場の出入り口等に高さ制限装置を設置する等により、アームや荷台・ブームの下げ忘れの防止に努めなければならない。

第37　架線、構造物等に近接した作業

1　施工者は、架線、構造物等若しくは作業場の境界に近接して、又はやむを得ず作業場の外に出て建設機械を操作する場合においては、接触のおそれがある物件の位置が明確に分かるようマーキング等を行った上で、歯止めの設置、ブームの回転に対するストッパーの使用、近接電線に対する絶縁材の装着、交通誘導警備員の配置等必要な措置を講じるとともに作業員等に確実に伝達しなければならない。
2　施工者は、特に高圧電線等の重要な架線、構造物に近接した工事を行う場合は、これらの措置に加え、センサー等によって危険性を検知する技術の活用に努めるものとする。

第38　無人航空機による操作

1　発注者及び施工者は、無人航空機（ドローン等）を使用する場合においては、第36（建設機械の使用及び移動）の規定のほか、次の各号に掲げる措置を講じなければならない。
一　原則として、飛行する空域の土地所有者からあらかじめ許可を得ること。
二　航空法第132条で定める飛行の禁止空域を飛行する場合は、あらかじめ国土交通大臣の許可を得ること。
三　航空法第132条の2で定める飛行の方法を守ること。ただし、周囲の状況等によりやむを得ず、これらの方法によらずに飛行させようとする場合には、安全面の措置を講じた上で、あらかじめ国土交通大臣の承認を受けること。
四　飛行前には、安全に飛行できる気象状態であること、機体に故障等が無いこと、電源や燃料が十分であることを確認しなければならない。

第39 建設機械の休止

1 施工者は、可動式の建設機械を休止させておく場合には、傾斜のない堅固な地盤の上に置くとともに、運転者の当然行うべき措置を講ずるほか、次の各号に掲げる措置を講じなければならない。
    一 ブームを有する建設機械については、そのブームを最も安定した位置に固定するとともに、そのブームに自重以外の荷重がかからないようにすること。
    二 ウインチ等のワイヤー、フック等の吊り下げ部分については、それらの吊り下げ部分を固定し、ワイヤーに適度の張りをもたせておくこと。
    三 ブルドーザー等の排土板等については、地面又は堅固な台上に定着させておくこと。
    四 車輪又は履帯を有する建設機械については、歯止め等を適切な箇所に施し、逸走防止に努めること。

第40 建設機械の点検、維持管理

1 施工者は、建設機械の維持管理に当たっては、各部分の異常の有無について定期的に自主検査を行い、その結果を記録しておかなければならない。なお、持込み建設機械を使用する場合は、公衆災害防止の観点から、必要な点検整備がなされた建設機械であることを確認すること。また、施工者は、建設機械の運転等が、法で定められた資格を有し、かつ、指名を受けた者により、定められた手順に従って行われていることを確認しなければならない。
2 施工者は、建設機械の安全装置が十分に機能を発揮できるように、常に点検及び整備をしておくとともに、安全装置を切って、建設機械を使用してはならない。

第41 移動式クレーン

1 施工者は、移動式クレーンを使用する場合には、作業範囲、作業条件を考慮して、安定度、接地圧、アウトリガー反力等の検討及び確認を行い、適切な作業地盤の上で使用しなければならない。

第5章 解体工事

第42 解体建築物に関する資料の提供

1 発注者は、解体対象建築物の設計図書（構造図、構造計算書、設備図を含む）、増改築記録、メンテナンスや点検の記録等の情報を可能な限り施工者に提供しなければならない。
2 施工者は発注者より提供された情報及び現地確認に基づき、施工計画の作成及び工事を適切に行わなければならない。

第43 構造的に自立していない部分の解体

1 施工者は、建築物の外周部が張り出している構造の建築物及びカーテンウォール等外壁が構造的に自立していない工法の建築物の解体にあたっては、工事の各段階において構造的な安定性を保つよう、工法の選択、施工計画の作成及び工事の実施について特に細心の注意を払わなければならない。

第44　構造的に異なる部分の解体

1　施工者は、鉄骨造、鉄筋コンクリート造、プレキャストコンクリート造等の異なる構造の接合部、増改築部分と既存部分の接合部等の解体については、特に接合部の強度等に十分考慮しなければならない。

第45　危険物の解体

1　施工者は、解体工事時にガスバーナ等を用いてオイルタンクやアスファルト防水層に近接した部材を切断する等、爆発や火災発生の危険性がある場合には、事前に所轄の消防署へ連絡し、適切な措置を講じなければならない。

第6章　土工事

第46　掘削方法の選定等

1　施工者は、地盤の掘削においては、掘削の深さ、掘削を行う期間、地盤性状、敷地及び周辺地域の環境条件等を総合的に勘案した上で、関係法令等の定めるところにより、山留めの必要性の有無並びにその形式及び掘削方法を決定し、安全かつ確実に工事が施工できるようにしなければならない。また、山留めを採用する場合には、日本建築学会「山留め設計指針」「山留め設計施工指針」、日本道路協会「道路土工　仮設構造物工指針」、土木学会「トンネル標準示方書」に従い、施工期間中における降雨等による条件の悪化を考慮して設計及び施工を行わなければならない。

2　施工者は、地盤が不安定で掘削に際して施工が困難であり、又は掘削が周辺地盤及び構造物に影響を及ぼすおそれのある場合には、発注者と協議の上、薬液注入工法、地下水位低下工法、地盤改良工法等の適切な補助工法を用い、地盤の安定を図らなければならない。

第47　地下水対策

1　施工者は、掘削箇所内に多量の湧水又は漏水があり、土砂の流出、地盤のゆるみ等が生ずるおそれのある場合には、発注者と協議の上、地下水位低下工法、止水工法等を採用し、安全の確保に努めなければならない。

2　施工者は、地下水位低下工法を用いる場合には、水位低下による周辺の井戸、公共用水域等への影響並びに周辺地盤、構造物、地下埋設物等の沈下に与える影響を十分検討、把握した上で行わなければならない。
　　揚水中は、揚水設備の保守管理を十分に行うとともに、揚水量、地下水位、地盤沈下量等を測定し、異常が生じた場合には、直ちに関係機関への連絡を行うとともに、必要な措置を講じなければならない。

3　施工者は、揚水の排水に当たっては、排水方法及び排水経路の確認を行い、当該下水道及び河川の管理者等に届出を行い、かつ、土粒子を含む水は、沈砂、ろ過施設等を経て放流しなければならない。

第48　地盤アンカー

1　発注者及び施工者は、地盤アンカーの先端が敷地境界の外に出る場合には、敷地所有者又は管理者の許可を得なければならない。

第49　山留め管理

1　施工者は、山留めを設置している間は、常時点検を行い、山留め部材の変形、その緊結部のゆるみ、掘削底面からの湧水、盤ぶくれ等の早期発見に努力し、事故防止に努めなければならない。

2　施工者は、常時点検を行ったうえで、必要に応じて、測定計器を使用して、山留めに作用する土圧、山留め壁の変位等を測定し、定期的に地下水位、地盤の沈下又は移動を観測・記録するものとする。地盤の隆起、沈下等異常が認められたときは、作業を中止し、埋設物の管理者等に連絡し、原因の調査及び保全上の措置を講ずるとともに、その旨を発注者その他関係者に通知しなければならない。

第50　埋戻し

1　施工者は、親杭、鋼矢板等の引抜き箇所の埋戻しを行うに当たっては、地盤沈下を生じさせないよう、十分注意して埋め戻さなければならない。

2　施工者は、埋戻しを行うに当たっては、良質の砂等を用いた水締め、貧配合モルタル注入等の方法により、適切に行わなければならない。

第51　地盤改良工事

1　施工者は、地盤改良工法を用いる場合には、土質改良添加剤の運搬及び保管並びに地盤への投入及び混合に際しては、周辺への飛散、流出等により、周辺環境を損なうことのないようシートや覆土等の処置を講じなければならない。

2　施工者は、危険物に指定される土質改良添加剤を用いる場合には、公衆へ迷惑を及ぼすことのないよう、関係法令等の定めるところにより必要な手続きを取らなければならない。

3　施工者は、地盤改良工事に当たっては、近接地盤の隆起や側方変位を測定し、周辺に危害を及ぼすような地盤の異常が認められた場合は、作業を中止し、発注者と協議の上、原因の調査及び保全上の措置を講じなければならない。

第52　地下工事

1　施工者は、地下工事工法の選定に当たっては、第5（施工計画及び工法選定における危険性の除去と施工前の事前評価）の規定に加え、周辺地盤の沈下及び周辺地域の地下水に係わる影響について検討しなければならない。また、工事中は、定期的に地盤変位等を観測し、異常が認められた場合は、地盤改良工法等の適切な措置を講じなければならない。

建設副産物適正処理推進要綱

（平成 5 年 1 月12日　建設省経建発第 3 号）
最終改正　平成14年 5 月30日　国官総
第122号・国総事第21号・国総建第137号

第 1 章　総則

第 1　目的

　この要綱は，建設工事の副産物である建設発生土と建設廃棄物の適正な処理等に係る総合的な対策を発注者及び施工者が適切に実施するために必要な基準を示し，もって建設工事の円滑な施工の確保，資源の有効な利用の促進及び生活環境の保全を図ることを目的とする。

第 2　適用範囲

　この要綱は，建設副産物が発生する建設工事に適用する。

第 3　用語の定義

　この要綱に掲げる用語の意義は，次に定めるところによる。
(1)　「建設副産物」とは，建設工事に伴い副次的に得られた物品をいう。
(2)　「建設発生土」とは，建設工事に伴い副次的に得られた土砂（浚渫土を含む。）をいう。
(3)　「建設廃棄物」とは，建設副産物のうち廃棄物（廃棄物の処理及び清掃に関する法律（昭和45年法律第137号。以下「廃棄物処理法」という。）第 2 条第 1 項に規定する廃棄物をいう。以下同じ。）に該当するものをいう。
(4)　「建設資材」とは，土木建築に関する工事（以下「建設工事」という。）に使用する資材をいう。
(5)　「建設資材廃棄物」とは，建設資材が廃棄物となったものをいう。
(6)　「分別解体等」とは，次の各号に掲げる工事の種別に応じ，それぞれ当該各号に定める行為をいう。
　　一　建築物その他の工作物（以下「建築物等」という。）の全部又は一部を解体する建設工事（以下「解体工事」という。）においては，建築物等に用いられた建設資材に係る建設資材廃棄物をその種類ごとに分別しつつ当該工事を計画的に施工する行為
　　二　建築物等の新築その他の解体工事以外の建設工事（以下「新築工事等」という。）においては，当該工事に伴い副次的に生ずる建設資材廃棄物をその種類ごとに分別しつつ当該工事を施工する行為
(7)　「再使用」とは，次に掲げる行為をいう。
　　一　建設副産物のうち有用なものを製品としてそのまま使用すること（修理を行ってこれを使用することを含む。）。
　　二　建設副産物のうち有用なものを部品その他製品の一部として使用すること。

⑻ 「再生利用」とは，建設廃棄物を資材又は原材料として利用することをいう。

⑼ 「熱回収」とは，建設廃棄物であって，燃焼の用に供することができるもの又はその可能性のあるものを熱を得ることに利用することをいう。

⑽ 「再資源化」とは，次に掲げる行為であって，建設廃棄物の運搬又は処分（再生することを含む。）に該当するものをいう。

　一　建設廃棄物について，資材又は原材料として利用すること（建設廃棄物をそのまま用いることを除く。）ができる状態にする行為

　二　建設廃棄物であって燃焼の用に供することができるもの又はその可能性のあるものについて，熱を得ることに利用することができる状態にする行為

⑾ 「縮減」とは，焼却，脱水，圧縮その他の方法により建設副産物の大きさを減ずる行為をいう。

⑿ 「再資源化等」とは，再資源化及び縮減をいう。

⒀ 「特定建設資材」とは，建設資材のうち，建設工事に係る資材の再資源化等に関する法律施行令（平成12年政令第495号。以下「建設リサイクル法施行令」という。）で定められた以下のものをいう。

　一　コンクリート
　二　コンクリート及び鉄から成る建設資材
　三　木材
　四　アスファルト・コンクリート

⒁ 「特定建設資材廃棄物」とは，特定建設資材が廃棄物となったものをいう。

⒂ 「指定建設資材廃棄物」とは，特定建設資材廃棄物で再資源化に一定の施設を必要とするもののうち建設リサイクル法施行令で定められた以下のものをいう。
　木材が廃棄物となったもの

⒃ 「対象建設工事」とは，特定建設資材を用いた建築物等に係る解体工事又はその施工に特定建設資材を使用する新築工事等であって，その規模が建設リサイクル法施行令又は都道府県が条例で定める建設工事の規模に関する基準以上のものをいう。

⒄ 「建設副産物対策」とは，建設副産物の発生の抑制並びに分別解体等，再使用，再資源化等，適正な処理及び再資源化されたものの利用の推進を総称していう。

⒅ 「再生資源利用計画」とは，建設資材を搬入する建設工事において，資源の有効な利用の促進に関する法律（平成12年法律第113号。以下「資源有効利用促進法」という。）に規定する再生資源を建設資材として利用するための計画をいう。

⒆ 「再生資源利用促進計画」とは，資源有効利用促進法に規定する指定副産物を工事現場から搬出する建設工事において，指定副産物の再利用を促進するための計画をいう。

⒇ 「発注者」とは，建設工事（他の者から請け負ったものを除く。）の注文者をいう。

(21) 「元請業者」とは，発注者から直接建設工事を請け負った建設業を営む者をいう。

(22) 「下請負人」とは，建設工事を他のものから請け負った建設業を営む者と他の建設業を営む者との間で当該建設工事について締結される下請契約における請負人をいう。

(23) 「自主施工者」とは，建設工事を請負契約によらないで自ら施工する者をいう。

(24) 「施工者」とは，建設工事の施工を行う者であって，元請業者，下請負人及び自主施工者をいう。

⑮　「建設業者」とは，建設業法（昭和24年法律第100号）第2条第3項の国土交通大臣又は都道府県知事の許可を受けて建設業を営む者をいう。

⑯　「解体工事業者」とは，建設工事に係る資材の再資源化等に関する法律（平成12年法律第104号。以下「建設リサイクル法」という。）第21条第1項の都道府県知事の登録を受けて建設業のうち建築物等を除去するための解体工事を行う営業（その請け負った解体工事を他の者に請け負わせて営むものを含む。）を営む者をいう。

⑰　「資材納入業者」とは，建設資材メーカー，建設資材販売業者及び建設資材運搬業者を総称していう。

第4　基本方針

発注者及び施工者は，次の基本方針により，適切な役割分担の下に建設副産物に係る総合的対策を適切に実施しなければならない。

⑴　建設副産物の発生の抑制に努めること。

⑵　建設副産物のうち，再使用をすることができるものについては，再使用に努めること。

⑶　対象建設工事から発生する特定建設資材廃棄物のうち，再使用がされないものであって再生利用をすることができるものについては，再生利用を行うこと。

　また，対象建設工事から発生する特定建設資材廃棄物のうち，再使用及び再生利用がされないものであって熱回収をすることができるものについては，熱回収を行うこと。

⑷　その他の建設副産物についても，再使用がされないものは再生利用に努め，再使用及び再生利用がされないものは熱回収に努めること。

⑸　建設副産物のうち，前3号の規定による循環的な利用が行われないものについては，適正に処分すること。なお，処分に当たっては，縮減することができるものについては縮減に努めること。

第2章　関係者の責務と役割

第5　発注者の責務と役割

⑴　発注者は，建設副産物の発生の抑制並びに分別解体等，建設廃棄物の再資源化等及び適正な処理の促進が図られるような建設工事の計画及び設計に努めなければならない。

　発注者は，発注に当たっては，元請業者に対して，適切な費用を負担するとともに，実施に関しての明確な指示を行うこと等を通じて，建設副産物の発生の抑制並びに分別解体等，建設廃棄物の再資源化等及び適正処理の促進に努めなければならない。

⑵　また，公共工事の発注者にあっては，リサイクル原則化ルールや建設リサイクルガイドラインの適用に努めなければならない。

第6　元請業者及び自主施工者の責務と役割

⑴　元請業者は，建築物等の設計及びこれに用いる建設資材の選択，建設工事の施工方法等の工夫，施工技術の開発等により，建設副産物の発生を抑制するよう努めるとともに，分別解体等，建設廃棄物の再資源化等及び適正な処理の実施を容

易にし，それに要する費用を低減するよう努めなければならない。

　　自主施工者は，建築物等の設計及びこれに用いる建設資材の選択，建設工事の施工方法等の工夫，施工技術の開発等により，建設副産物の発生を抑制するよう努めるとともに，分別解体等の実施を容易にし，それに要する費用を低減するよう努めなければならない。

(2)　元請業者は，分別解体等を適正に実施するとともに，排出事業者として建設廃棄物の再資源化等及び処理を適正に実施するよう努めなければならない。

　　自主施工者は，分別解体等を適正に実施するよう努めなければならない。

(3)　元請業者は，建設副産物の発生の抑制並びに分別解体等，建設廃棄物の再資源化等及び適正な処理の促進に関し，中心的な役割を担っていることを認識し，発注者との連絡調整，管理及び施工体制の整備を行わなければならない。

　　また，建設副産物対策を適切に実施するため，工事現場における責任者を明確にすることによって，現場担当者，下請負人及び産業廃棄物処理業者に対し，建設副産物の発生の抑制並びに分別解体等，建設廃棄物の再資源化等及び適正な処理の実施についての明確な指示及び指導等を責任をもって行うとともに，分別解体等についての計画，再生資源利用計画，再生資源利用促進計画，廃棄物処理計画等の内容について教育，周知徹底に努めなければならない。

(4)　元請業者は，工事現場の責任者に対する指導並びに職員，下請負人，資材納入業者及び産業廃棄物処理業者に対する建設副産物対策に関する意識の啓発等のため，社内管理体制の整備に努めなければならない。

第7　下請負人の責務と役割

　　下請負人は，建設副産物対策に自ら積極的に取り組むよう努めるとともに，元請業者の指示及び指導等に従わなければならない。

第8　その他の関係者の責務と役割

(1)　建設資材の製造に携わる者は，端材の発生が抑制される建設資材の開発及び製造，建設資材として使用される際の材質，品質等の表示，有害物質等を含む素材等分別解体等及び建設資材廃棄物の再資源化等が困難となる素材を使用しないよう努めること等により，建設資材廃棄物の発生の抑制並びに分別解体等，建設資材廃棄物の再資源化等及び適正な処理の実施が容易となるよう努めなければならない。

　　建設資材の販売又は運搬に携わる者は建設副産物対策に取り組むよう努めなければならない。

(2)　建築物等の設計に携わる者は，分別解体等の実施が容易となる設計，建設廃棄物の再資源化等の実施が容易となる建設資材の選択など設計時における工夫により，建設副産物の発生の抑制並びに分別解体等，建設廃棄物の再資源化等及び適正な処理の実施が効果的に行われるようにするほか，これらに要する費用の低減に努めなければならない。

　　なお，建設資材の選択に当たっては，有害物質等を含む建設資材等建設資材廃棄物の再資源化が困難となる建設資材を選択しないよう努めなければならない。

(3)　建設廃棄物の処理を行う者は，建設廃棄物の再資源化等を適正に実施するとともに，再資源化等がなされないものについては適正に処分をしなければならない。

第3章　計画の作成等

第9　工事全体の手順

対象建設工事は，以下のような手順で実施しなければならない。

また，対象建設工事以外の工事については，五の事前届出は不要であるが，それ以外の事項については実施に努めなければならない。

一　事前調査の実施

　　建設工事を発注しようとする者から直接受注しようとする者及び自主施工者は，対象建築物等及びその周辺の状況，作業場所の状況，搬出経路の状況，残存物品の有無，付着物の有無等の調査を行う。

二　分別解体等の計画の作成

　　建設工事を発注しようとする者から直接受注しようとする者及び自主施工者は，事前調査に基づき，分別解体等の計画を作成する。

三　発注者への説明

　　建設工事を発注しようとする者から直接受注しようとする者は，発注しようとする者に対し分別解体等の計画等について書面を交付して説明する。

四　発注及び契約

　　建設工事の発注者及び元請業者は，工事の契約に際して，建設業法で定められたもののほか，分別解体等の方法，解体工事に要する費用，再資源化等をするための施設の名称及び所在地並びに再資源化等に要する費用を書面に記載し，署名又は記名押印して相互に交付する。

五　事前届出

　　発注者又は自主施工者は，工事着手の7日前までに，分別解体等の計画等について，都道府県知事又は建設リサイクル法施行令で定められた市区町村長に届け出る。

六　下請負人への告知

　　受注者は，その請け負った建設工事を他の建設業を営む者に請け負わせようとするときは，その者に対し，その工事について発注者から都道府県知事又は建設リサイクル法施行令で定められた市区町村長に対して届け出られた事項を告げる。

七　下請契約

　　建設工事の下請契約の当事者は，工事の契約に際して，建設業法で定められたもののほか，分別解体等の方法，解体工事に要する費用，再資源化等をするための施設の名称及び所在地並びに再資源化等に要する費用を書面に記載し，署名又は記名押印して相互に交付する。

八　施工計画の作成

　　元請業者は，施工計画の作成に当たっては，再生資源利用計画，再生資源利用促進計画及び廃棄物処理計画等を作成する。

九　工事着手前に講じる措置の実施

　　施工者は，分別解体等の計画に従い，作業場所及び搬出経路の確保，残存物品の搬出の確認，付着物の除去等の措置を講じる。

十　工事の施工

　　施工者は，分別解体等の計画に基づいて，次のような手順で分別解体等を実施する。

建築物の解体工事においては，建築設備及び内装材等の取り外し，屋根ふき材の取り外し，外装材及び上部構造部分の取り壊し，基礎及び基礎ぐいの取り壊しの順に実施。

　　建築物以外のものの解体工事においては，さく等の工作物に付属する物の取り外し，工作物の本体部分の取り壊し，基礎及び基礎ぐいの取り壊しの順に実施。

　　新築工事等においては，建設資材廃棄物を分別しつつ工事を実施。

　十一　再資源化等の実施

　　元請業者は，分別解体等に伴って生じた特定建設資材廃棄物について，再資源化等を行うとともに，その他の廃棄物についても，可能な限り再資源化等に努め，再資源化等が困難なものは適正に処分を行う。

　十二　発注者への完了報告

　　元請業者は，再資源化等が完了した旨を発注者へ書面で報告するとともに，再資源化等の実施状況に関する記録を作成し，保存する。

第10　事前調査の実施

　建設工事を発注しようとする者から直接受注しようとする者及び自主施工者は，対象建設工事の実施に当たっては，施工に先立ち，以下の調査を行わなければならない。

　また，対象建設工事以外の工事においても，施工に先立ち，以下の調査の実施に努めなければならない。

　一　工事に係る建築物等（以下「対象建築物等」という。）及びその周辺の状況に関する調査

　二　分別解体等をするために必要な作業を行う場所（以下「作業場所」という。）に関する調査

　三　工事の現場からの特定建設資材廃棄物その他の物の搬出の経路（以下「搬出経路」という。）に関する調査

　四　残存物品（解体する建築物の敷地内に存する物品で，当該建築物に用いられた建設資材に係る建設資材廃棄物以外のものをいう。以下同じ。）の有無の調査

　五　吹付け石綿その他の対象建築物等に用いられた特定建設資材に付着したもの（以下「付着物」という。）の有無の調査

　六　その他対象建築物等に関する調査

第11　元請業者による分別解体等の計画の作成

　(1)　計画の作成

　　建設工事を発注しようとする者から直接受注しようとする者及び自主施工者は，対象建設工事においては，第10の事前調査の結果に基づき，建設副産物の発生の抑制並びに建設廃棄物の再資源化等の促進及び適正処理が計画的かつ効率的に行われるよう，適切な分別解体等の計画を作成しなければならない。

　　また，対象建設工事以外の工事においても，建設副産物の発生の抑制並びに建設廃棄物の再資源化等の促進及び適正処理が計画的かつ効率的に行われるよう，適切な分別解体等の計画を作成するよう努めなければならない。

　　分別解体等の計画においては，以下のそれぞれの工事の種類に応じて，特定建設資材に係る分別解体等に関する省令（平成14年国土交通省令第17号。以下「分

別解体等省令」という。）第2条第2項で定められた様式第一号別表に掲げる事項のうち分別解体等の計画に関する以下の事項を記載しなければならない。
　建築物に係る解体工事である場合（別表1）
一　事前調査の結果
二　工事着手前に実施する措置の内容
三　工事の工程の順序並びに当該工程ごとの作業内容及び分別解体等の方法並びに当該順序が省令で定められた順序により難い場合にあってはその理由
四　対象建築物に用いられた特定建設資材に係る特定建設資材廃棄物の種類ごとの量の見込み及びその発生が見込まれる対象建築物の部分
五　その他分別解体等の適正な実施を確保するための措置に関する事項
　建築物に係る新築工事等（新築・増築・修繕・模様替）である場合（別表2）
一　事前調査の結果
二　工事着手前に実施する措置の内容
三　工事の工程ごとの作業内容
四　工事に伴い副次的に生ずる特定建設資材廃棄物の種類ごとの量の見込み並びに工事の施工において特定建設資材が使用される対象建築物の部分及び特定建設資材廃棄物の発生が見込まれる対象建築物の部分
五　その他分別解体等の適正な実施を確保するための措置に関する事項
　建築物以外のものに係る解体工事又は新築工事等（土木工事等）である場合（別表3）
　解体工事においては，
一　工事の種類
二　事前調査の結果
三　工事着手前に実施する措置の内容
四　工事の工程の順序並びに当該工程ごとの作業内容及び分別解体等の方法並びに当該順序が省令で定められた順序により難い場合にあってはその理由
五　対象工作物に用いられた特定建設資材に係る特定建設資材廃棄物の種類ごとの量の見込み及びその発生が見込まれる対象工作物の部分
六　その他分別解体等の適正な実施を確保するための措置に関する事項
　新築工事等においては，
一　工事の種類
二　事前調査の結果
三　工事着手前に実施する措置の内容
四　工事の工程ごとの作業内容
五　工事に伴い副次的に生ずる特定建設資材廃棄物の種類ごとの量の見込み並びに工事の施工において特定建設資材が使用される対象工作物の部分及び特定建設資材廃棄物の発生が見込まれる対象工作物の部分
六　その他分別解体等の適正な実施を確保するための措置に関する事項
(2)　発注者への説明
　対象建設工事を発注しようとする者から直接受注しようとする者は，発注しようとする者に対し，少なくとも以下の事項について，これらの事項を記載した書面を交付して説明しなければならない。
　また，対象建設工事以外の工事においても，これに準じて行うよう努めなければならない。
一　解体工事である場合においては，解体する建築物等の構造

二　新築工事等である場合においては，使用する特定建設資材の種類
三　工事着手の時期及び工程の概要
四　分別解体等の計画
五　解体工事である場合においては，解体する建築物等に用いられた建設資材の量の見込み
(3)　公共工事発注者による指導
　　公共工事の発注者にあっては，建設リサイクルガイドラインに基づく計画の作成等に関し，元請業者を指導するよう努めなければならない。

第12　工事の発注及び契約

(1)　発注者による条件明示等
　　発注者は，建設工事の発注に当たっては，建設副産物対策の条件を明示するとともに，分別解体等及び建設廃棄物の再資源化等に必要な経費を計上しなければならない。なお，現場条件等に変更が生じた場合には，設計変更等により適切に対処しなければならない
(2)　契約書面の記載事項
　　対象建設工事の請負契約（下請契約を含む。）の当事者は，工事の契約において，建設業法で定められたもののほか，以下の事項を書面に記載し，署名又は記名押印をして相互に交付しなければならない。
一　分別解体等の方法
二　解体工事に要する費用
三　再資源化等をするための施設の名称及び所在地
四　再資源化等に要する費用
　　また，対象建設工事以外の工事においても，請負契約（下請契約を含む。）の当事者は，工事の契約において，建設業法で定められたものについて書面に記載するとともに，署名又は記名押印をして相互に交付しなければならない。また，上記の一から四の事項についても，書面に記載するよう努めなければならない。
(3)　解体工事の下請契約と建設廃棄物の処理委託契約
　　元請業者は，解体工事を請け負わせ，建設廃棄物の収集運搬及び処分を委託する場合には，それぞれ個別に直接契約をしなければならない。

第13　工事着手前に行うべき事項

(1)　発注者又は自主施工者による届出等
　　対象建設工事の発注者又は自主施工者は，工事に着手する日の7日前までに，分別解体等の計画等について，別記様式（分別解体等省令第2条第2項で定められた様式第一号）による届出書により都道府県知事又は建設リサイクル法施行令で定められた市区町村長に届け出なければならない。
　　国の機関又は地方公共団体が上記の規定により届出を要する行為をしようとするときは，あらかじめ，都道府県知事又は建設リサイクル法施行令で定められた市区町村長にその旨を通知しなければならない。
(2)　受注者からその下請負人への告知
　　対象建設工事の受注者は，その請け負った建設工事を他の建設業を営む者に請け負わせようとするときは，当該他の建設業を営む者に対し，対象建設工事について発注者から都道府県知事又は建設リサイクル法施行令で定められた市区町村長に対して届け出られた事項を告げなければならない。

(3) 元請業者による施工計画の作成

元請業者は，工事請負契約に基づき，建設副産物の発生の抑制，再資源化等の促進及び適正処理が計画的かつ効率的に行われるよう適切な施工計画を作成しなければならない。施工計画の作成に当たっては，再生資源利用計画及び再生資源利用促進計画を作成するとともに，廃棄物処理計画の作成に努めなければならない。

自主施工者は，建設副産物の発生の抑制が計画的かつ効率的に行われるよう適切な施工計画を作成しなければならない。施工計画の作成に当たっては，再生資源利用計画の作成に努めなければならない。

(4) 事前措置

対象建設工事の施工者は，分別解体等の計画に従い，作業場所及び搬出経路の確保を行わなければならない。

また，対象建設工事以外の工事の施工者も，作業場所及び搬出経路の確保に努めなければならない。

発注者は，家具，家電製品等の残存物品を解体工事に先立ち適正に処理しなければならない。

第14 工事現場の管理体制

(1) 建設業者の主任技術者等の設置

建設業者は，工事現場における建設工事の施工の技術上の管理をつかさどる者で建設業法及び建設業法施行規則（昭和24年建設省令第14号）で定められた基準に適合する者（以下「主任技術者等」という。）を置かなければならない。

(2) 解体工事業者の技術管理者の設置

解体工事業者は，工事現場における解体工事の施工の技術上の管理をつかさどる者で解体工事業に係る登録等に関する省令（平成13年国土交通省令第92号。以下「解体工事業者登録省令」という。）で定められた基準に適合するもの（以下「技術管理者」という。）を置かなければならない。

(3) 公共工事の発注者にあっては，工事ごとに建設副産物対策の責任者を明確にし，発注者の明示した条件に基づく工事の実施等，建設副産物対策が適切に実施されるよう指導しなければならない。

(4) 標識の掲示

建設業者及び解体工事業者は，その店舗または営業所及び工事現場ごとに，建設業法施行規則及び解体工事業者登録省令で定められた事項を記載した標識を掲げなければならない。

(5) 帳簿の記載

建設業者及び解体工事業者は，その営業所ごとに帳簿を備え，その営業に関する事項で建設業法施行規則及び解体工事業者登録省令で定められたものを記載し，これを保存しなければならない。

第15 工事完了後に行うべき事項

(1) 完了報告

対象建設工事の元請業者は，当該工事に係る特定建設資材廃棄物の再資源化等が完了したときは，以下の事項を発注者へ書面で報告するとともに，再資源化等の実施状況に関する記録を作成し，保存しなければならない。

一 再資源化等が完了した年月日

二　再資源化等をした施設の名称及び所在地

三　再資源化等に要した費用

　また，対象建設工事以外においても，元請業者は，上記の一から三の事項を発注者へ書面で報告するとともに，再資源化等の実施状況に関する記録を作成し，保存するよう努めなければならない。

(2)　記録の保管

　元請業者は，建設工事の完成後，速やかに再生資源利用計画及び再生資源利用促進計画の実施状況を把握するとともに，それらの記録を1年間保管しなければならない。

第4章　建設発生土

第16　搬出の抑制及び工事間の利用の促進

(1)　搬出の抑制

　発注者，元請業者及び自主施工者は，建設工事の施工に当たり，適切な工法の選択等により，建設発生土の発生の抑制に努めるとともに，その現場内利用の促進等により搬出の抑制に努めなければならない。

(2)　工事間の利用の促進

　発注者，元請業者及び自主施工者は，建設発生土の土質確認を行うとともに，建設発生土を必要とする他の工事現場との情報交換システム等を活用した連絡調整，ストックヤードの確保，再資源化施設の活用，必要に応じて土質改良を行うこと等により，工事間の利用の促進に努めなければならない。

第17　工事現場等における分別及び保管

　元請業者及び自主施工者は，建設発生土の搬出に当たっては，建設廃棄物が混入しないよう分別に努めなければならない。重金属等で汚染されている建設発生土等については，特に適切に取り扱わなければならない。

　また，建設発生土をストックヤードで保管する場合には，建設廃棄物の混入を防止するため必要な措置を講じるとともに，公衆災害の防止を含め周辺の生活環境に影響を及ぼさないよう努めなければならない。

第18　運搬

　元請業者及び自主施工者は，次の事項に留意し，建設発生土を運搬しなければならない。

(1)　運搬経路の適切な設定並びに車両及び積載量等の適切な管理により，騒音，振動，塵埃等の防止に努めるとともに，安全な運搬に必要な措置を講じること。

(2)　運搬途中において一時仮置きを行う場合には，関係者等と打合せを行い，環境保全に留意すること。

(3)　海上運搬をする場合は，周辺海域の利用状況等を考慮して適切に経路を設定するとともに，運搬中は環境保全に必要な措置を講じること。

第19　受入地での埋立及び盛土

　発注者，元請業者及び自主施工者は，建設発生土の工事間利用ができず，受入地において埋め立てる場合には，関係法令に基づく必要な手続のほか，受入地の関係

者と打合せを行い，建設発生土の崩壊や降雨による流出等により公衆災害が生じないよう適切な措置を講じなければならない。重金属等で汚染されている建設発生土等については，特に適切に取り扱わなければならない。

　また，海上埋立地において埋め立てる場合には，上記のほか，周辺海域への環境影響が生じないよう余水吐き等の適切な汚濁防止の措置を講じなければならない。

第5章　建設廃棄物

第20　分別解体等の実施

　対象建設工事の施工者は，以下の事項を行わなければならない。

　また，対象建設工事以外の工事においても，施工者は以下の事項を行うよう努めなければならない。

⑴　事前措置の実施

　　分別解体等の計画に従い，残存物品の搬出の確認を行うとともに，特定建設資材に係る分別解体等の適正な実施を確保するために，付着物の除去その他の措置を講じること。

⑵　分別解体等の実施

　　正当な理由がある場合を除き，以下に示す特定建設資材廃棄物をその種類ごとに分別することを確保するための適切な施工方法に関する基準に従い，分別解体を行うこと。

　　建築物の解体工事の場合

一　建築設備，内装材その他の建築物の部分（屋根ふき材，外装材及び構造耐力上主要な部分を除く。）の取り外し

二　屋根ふき材の取り外し

三　外装材並びに構造耐力上主要な部分のうち基礎及び基礎ぐいを除いたものの取り壊し

四　基礎及び基礎ぐいの取り壊し

　　ただし，建築物の構造上その他解体工事の施工の技術上これにより難い場合は，この限りでない。

　　工作物の解体工事の場合

一　さく，照明設備，標識その他の工作物に附属する物の取り外し

二　工作物のうち基礎以外の部分の取り壊し

三　基礎及び基礎ぐいの取り壊し

　　ただし，工作物の構造上その他解体工事の施工の技術上これにより難い場合は，この限りでない。

　　新築工事等の場合

　　工事に伴い発生する端材等の建設資材廃棄物をその種類ごとに分別しつつ工事を施工すること。

⑶　元請業者及び下請負人は，解体工事及び新築工事等において，再生資源利用促進計画，廃棄物処理計画等に基づき，以下の事項に留意し，工事現場等において分別を行わなければならない。

一　工事の施工に当たり，粉じんの飛散等により周辺環境に影響を及ぼさないよう適切な措置を講じること。

二　一般廃棄物は，産業廃棄物と分別すること。

三　特定建設資材廃棄物は確実に分別すること。
　四　特別管理産業廃棄物及び再資源化できる産業廃棄物の分別を行うとともに，安定型産業廃棄物とそれ以外の産業廃棄物との分別に努めること。
　五　再資源化が可能な産業廃棄物については，再資源化施設の受入条件を勘案の上，破砕等を行い，分別すること。
(4)　自主施工者は，解体工事及び新築工事等において，以下の事項に留意し，工事現場等において分別を行わなければならない。
　一　工事の施工に当たり，粉じんの飛散等により周辺環境に影響を及ぼさないよう適切な措置を講じること。
　二　特定建設資材廃棄物は確実に分別すること。
　三　特別管理一般廃棄物の分別を行うともに，再資源化できる一般廃棄物の分別に努めること。
(5)　現場保管
　　施工者は，建設廃棄物の現場内保管に当たっては，周辺の生活環境に影響を及ぼさないよう廃棄物処理法に規定する保管基準に従うとともに，分別した廃棄物の種類ごとに保管しなければならない。

第21　排出の抑制

　発注者，元請業者及び下請負人は，建設工事の施工に当たっては，資材納入業者の協力を得て建設廃棄物の発生の抑制を行うとともに，現場内での再使用，再資源化及び再資源化したものの利用並びに縮減を図り，工事現場からの建設廃棄物の排出の抑制に努めなければならない。
　自主施工者は，建設工事の施工に当たっては，資材納入業者の協力を得て建設廃棄物の発生の抑制を行うよう努めるとともに，現場内での再使用を図り，建設廃棄物の排出の抑制に努めなければならない。

第22　処理の委託

　元請業者は，建設廃棄物を自らの責任において適正に処理しなければならない。処理を委託する場合には，次の事項に留意し，適正に委託しなければならない。
(1)　廃棄物処理法に規定する委託基準を遵守すること。
(2)　運搬については産業廃棄物収集運搬業者等と，処分については産業廃棄物処分業者等と，それぞれ個別に直接契約すること。
(3)　建設廃棄物の排出に当たっては，産業廃棄物管理票（マニフェスト）を交付し，最終処分（再生を含む。）が完了したことを確認すること。

第23　運搬

　元請業者は，次の事項に留意し，建設廃棄物を運搬しなければならない。
(1)　廃棄物処理法に規定する処理基準を遵守すること。
(2)　運搬経路の適切な設定並びに車両及び積載量等の適切な管理により，騒音，振動，塵埃等の防止に努めるとともに，安全な運搬に必要な措置を講じること。
(3)　運搬途中において積替えを行う場合は，関係者等と打合せを行い，環境保全に留意すること。
(4)　混合廃棄物の積替保管に当たっては，手選別等により廃棄物の性状を変えないこと。

第24　再資源化等の実施

(1)　対象建設工事の元請業者は，分別解体等に伴って生じた特定建設資材廃棄物について，再資源化を行わなければならない。

　　また，対象建設工事で生じたその他の建設廃棄物，対象建設工事以外の工事で生じた建設廃棄物についても，元請業者は，可能な限り再資源化に努めなければならない。

　　なお，指定建設資材廃棄物（建設発生木材）は，工事現場から最も近い再資源化のための施設までの距離が建設工事にかかる資材の再資源化等に関する法律施行規則（平成14年国土交通省・環境省令第1号）で定められた距離（50km）を越える場合，または再資源化施設までの道路が未整備の場合で縮減のための運搬に要する費用の額が再資源化のための運搬に要する費用の額より低い場合については，再資源化に代えて縮減すれば足りる。

(2)　元請業者は，現場において分別できなかった混合廃棄物については，再資源化等の推進及び適正な処理の実施のため，選別設備を有する中間処理施設の活用に努めなければならない。

第25　最終処分

　　元請業者は，建設廃棄物を最終処分する場合には，その種類に応じて，廃棄物処理法を遵守し，適正に埋立処分しなければならない。

第6章　建設廃棄物ごとの留意事項

第26　コンクリート塊

(1)　対象建設工事
　　元請業者は，分別されたコンクリート塊を破砕することなどにより，再生骨材，路盤材等として再資源化をしなければならない。
　　発注者及び施工者は，再資源化されたものの利用に努めなければならない。
(2)　対象建設工事以外の工事
　　元請業者は，分別されたコンクリート塊について，(1)のような再資源化に努めなければならない。また，発注者及び施工者は，再資源化されたものの利用に努めなければならない。

第27　アスファルト・コンクリート塊

(1)　対象建設工事
　　元請業者は，分別されたアスファルト・コンクリート塊を，破砕することなどにより再生骨材，路盤材等として又は破砕，加熱混合することなどにより再生加熱アスファルト混合物等として再資源化をしなければならない。
　　発注者及び施工者は，再資源化されたものの利用に努めなければならない。
(2)　対象建設工事以外の工事
　　元請業者は，分別されたアスファルト・コンクリート塊について，(1)のような再資源化に努めなければならない。また，発注者及び施工者は，再資源化されたものの利用に努めなければならない。

第28　建設発生木材

(1) 対象建設工事

　　元請業者は，分別された建設発生木材を，チップ化することなどにより，木質ボード，堆肥等の原材料として再資源化をしなければならない。また，原材料として再資源化を行うことが困難な場合などにおいては，熱回収をしなければならない。

　　なお，建設発生木材は指定建設資材廃棄物であり，第24(1)に定める場合については，再資源化に代えて縮減すれば足りる。

　　発注者及び施工者は，再資源化されたものの利用に努めなければならない

(2) 対象建設工事以外の工事

　　元請業者は，分別された建設発生木材について，(1)のような再資源化等に努めなければならない。また，発注者及び施工者は，再資源化されたものの利用に努めなければならない。

(3) 使用済型枠の再使用

　　施工者は，使用済み型枠の再使用に努めなければならない。

　　元請業者は，再使用できない使用済み型枠については，再資源化に努めるとともに，再資源化できないものについては適正に処分しなければならない。

(4) 伐採木・伐根等の取扱い

　　元請業者は，工事現場から発生する伐採木，伐根等は，再資源化等に努めるとともに，それが困難な場合には，適正に処理しなければならない。また，発注者及び施工者は，再資源化されたものの利用に努めなければならない。

(5) CCA処理木材の適正処理

　　元請業者は，CCA処理木材について，それ以外の部分と分離・分別し，それが困難な場合には，CCAが注入されている可能性がある部分を含めてこれをすべてCCA処理木材として焼却又は埋立を適正に行わなければならない。

第29　建設汚泥

(1) 再資源化等及び利用の推進

　　元請業者は，建設汚泥の再資源化等に努めなければならない。再資源化に当っては，廃棄物処理法に規定する再生利用環境大臣認定制度，再生利用個別指定制度等を積極的に活用するよう努めなければならない。また，発注者及び施工者は，再資源化されたものの利用に努めなければならない。

(2) 流出等の災害の防止

　　施工者は，処理又は改良された建設汚泥によって埋立又は盛土を行う場合は，建設汚泥の崩壊や降雨による流出等により公衆災害が生じないよう適切な措置を講じなければならない。

第30　廃プラスチック類

　　元請業者は，分別された廃プラスチック類を，再生プラスチック原料，燃料等として再資源化に努めなければならない。特に，建設資材として使用されている塩化ビニル管・継手等については，これらの製造に携わる者によるリサイクルの取組に，関係者はできる限り協力するよう努めなければならない。また，再資源化できないものについては，適正な方法で縮減をするよう努めなければならない。

　　発注者及び施工者は，再資源化されたものの利用に努めなければならない。

第31 廃石膏ボード等

　元請業者は，分別された廃石膏ボード，廃ロックウール化粧吸音板，廃ロックウール吸音・断熱・保温材，廃ALC板等の再資源化等に努めなければならない。再資源化に当たっては，広域再生利用環境大臣指定制度が活用される資材納入業者を活用するよう努めなれならない。また，発注者及び施工者は，再資源化されたものの利用に努めなければならない。

　特に，廃石膏ボードは，安定型処分場で埋立処分することができないため，分別し，石膏ボード原料等として再資源化及び利用の促進に努めなければならない。また，石膏ボードの製造に携わる者による新築工事の工事現場から排出される石膏ボード端材の収集，運搬，再資源化及び利用に向けた取組に，関係者はできる限り協力するよう努めなければならない。

第32 混合廃棄物

⑴ 元請業者は，混合廃棄物について，選別等を行う中間処理施設を活用し，再資源化等及び再資源化されたものの利用の促進に努めなければならない。

⑵ 元請業者は，再資源化等が困難な建設廃棄物を最終処分する場合は，中間処理施設において選別し，熱しゃく減量を5％以下にするなど，安定型処分場において埋立処分できるよう努めなければならない。

第33 特別管理産業廃棄物

⑴ 元請業者及び自主施工者は，解体工事を行う建築物等に用いられた飛散性アスベストの有無の調査を行わなければならない。飛散性アスベストがある場合は，分別解体等の適正な実施を確保するため，事前に除去等の措置を講じなければならない。

⑵ 元請業者は，飛散性アスベスト，PCB廃棄物等の特別管理産業廃棄物に該当する廃棄物について，廃棄物処理法等に基づき，適正に処理しなければならない。

第34 特殊な廃棄物

⑴ 元請業者及び自主施工者は，建設廃棄物のうち冷媒フロン使用製品，蛍光管等について，専門の廃棄物処理業者等に委託する等により適正に処理しなければならない。

⑵ 施工者は，非飛散性アスベストについて，解体工事において，粉砕することによりアスベスト粉じんが飛散するおそれがあるため，解体工事の施工及び廃棄物の処理においては，粉じん飛散を起こさないような措置を講じなければならない。

	建築物に係る解体工事

分別解体等の計画等

建築物の構造※	☐木造　☐鉄骨鉄筋コンクリート造　☐鉄筋コンクリート造 ☐鉄骨造　☐コンクリートブロック造　☐その他（　　　　　　　　　　）

建築物に関する 調査の結果	建築物の状況	
	周辺状況	
	作業場所の状況	
	搬出経路の状況	
	残存物品の有無	
	付着物の有無	
	その他 （　　　　　　）	

工事着手前に実施 する措置の内容	作業場所の確保	
	搬出経路の確保	
	残存物品の搬出の 確認	
	その他 （　　　　　　）	

工事着手の時期※	平成　　年　　月　　日

工程ごとの作業内容及び解体方法	工程	作業内容	分別解体等の方法
	①建築設備・内装材等	建築設備・内装材等の取り外し　☐有　☐無	☐ 手作業 ☐ 手作業・機械作業の併用 併用の場合の理由（　　　　　）
	②屋根ふき材	屋根ふき材の取り外し　☐有　☐無	☐ 手作業 ☐ 手作業・機械作業の併用 併用の場合の理由（　　　　　）
	③外装材・上部構造部分	外装材・上部構造部分の取り壊し　☐有　☐無	☐ 手作業 ☐ 手作業・機械作業の併用
	④基礎・基礎ぐい	基礎・基礎ぐいの取り壊し　☐有　☐無	☐ 手作業 ☐ 手作業・機械作業の併用
	⑤その他 （　　　　）	その他の取り壊し　☐有　☐無	☐ 手作業 ☐ 手作業・機械作業の併用

工事の工程の順序	☐上の工程における①→②→③→④の順序 ☐その他（　　　　　　　　　　　　　　　　　　　　　　　　） その他の場合の理由（　　　　　　　　　　　　　　　　　　）

建築物に用いられた 建設資材の量の見込み※	トン

廃棄物発生見込量	特定建設資材廃棄物の種類ごとの量の見込み及びその発生が見込まれる建築物の部分	種類	量の見込み	発生が見込まれる部分（注）
		☐コンクリート塊	トン	☐①　☐②　☐③　☐④ ☐⑤
		☐アスファルト・コンクリート塊	トン	☐①　☐②　☐③　☐④ ☐⑤
		☐建設発生木材	トン	☐①　☐②　☐③　☐④ ☐⑤

（注）　①建築設備・内装材等　②屋根ふき材　③外装材・上部構造部分　④基礎・基礎ぐい　⑤その他
備考

※以外の事項は法第９条第２項の基準に適合するものでなければなりません。
☐欄には、該当箇所に「レ」を付すこと。

別表2

建築物に係る新築工事等（新築・増築・修繕・模様替）

分別解体等の計画等

使用する特定建設資材の種類※	□コンクリート　□コンクリート及び鉄から成る建設資材 □アスファルト・コンクリート　□木材	
建築物に関する調査の結果	建築物の状況	
	周辺状況	
	作業場所の状況	
	搬出経路の状況	
	付着物の有無（修繕・模様替工事のみ）	
	その他 （　　　　　）	
工事着手前に実施する措置の内容	作業場所の確保	
	搬出経路の確保	
	その他 （　　　　　）	

工事着手の時期※	平成　　年　　月　　日

工程ごとの作業内容	工程	作業内容		
	①造成等	造成等の工事	□有　□無	
	②基礎・基礎ぐい	基礎・基礎ぐいの工事	□有　□無	
	③上部構造部分・外装	上部構造部分・外装の工事	□有　□無	
	④屋根	屋根の工事	□有　□無	
	⑤建築設備・内装等	建築設備・内装等の工事	□有　□無	
	⑥その他 （　　　　　）	その他の工事	□有　□無	

廃棄物発生見込量	特定建設資材廃棄物の種類ごとの量の見込み並びに特定建設資材が使用される建築物の部分及び特定建設資材廃棄物の発生が見込まれる建築物の部分	種類	量の見込み	発生が見込まれる部分又は使用する部分（注）
		□コンクリート塊	トン	□① □② □③ □④ □⑤ □⑥
		□アスファルト・コンクリート塊	トン	□① □② □③ □④ □⑤ □⑥
		□建設発生木材	トン	□① □② □③ □④ □⑤ □⑥
	（注）　①造成等　②基礎　③上部構造部分・外装　④屋根　⑤建築設備・内装等　⑥その他			

備考

※以外の事項は法第9条第2項の基準に適合するものでなければなりません。
□欄には、該当箇所に「レ」を付すこと。

別表3 (A4)

	建築物以外のものに係る解体工事又は新築工事等（土木工事等）

分別解体等の計画等

工作物の構造 （解体工事のみ）※	□鉄筋コンクリート造　□その他（　　　　　　　　　　　　　　）		
工事の種類	□新築工事　□維持・修繕工事　□解体工事 □電気　□水道　□ガス　□下水道　□鉄道　□電話 □その他（　　　　　　　　　　　　　　）		
使用する特定建設資材の種類 （新築・維持・修繕工事のみ）※	□コンクリート　□コンクリート及び鉄から成る建設資材 □アスファルト・コンクリート　□木材		
工作物に関する 調査の結果	工作物の状況		
	周辺状況		
	作業場所の状況		
	搬出経路の状況		
	付着物の有無（解体・ 維持・修繕工事のみ）		
	その他 （　　　　　　）		
工事着手前に実施 する措置の内容	作業場所の確保		
	搬出経路の確保		
	その他 （　　　　　　）		
工事着手の時期※	平成　　年　　月　　日		

	工程	作業内容	分別解体等の方法 （解体工事のみ）
工程ごとの作業内容及び解体方法	①仮設	仮設工事　□有　□無	□ 手作業 □ 手作業・機械作業の併用
	②土工	土工事　□有　□無	□ 手作業 □ 手作業・機械作業の併用
	③基礎	基礎工事　□有　□無	□ 手作業 □ 手作業・機械作業の併用
	④本体構造	本体構造の工事　□有　□無	□ 手作業 □ 手作業・機械作業の併用
	⑤本体付属品	本体付属品の工事　□有　□無	□ 手作業 □ 手作業・機械作業の併用
	⑥その他 （　　　）	その他の工事　□有　□無	□ 手作業 □ 手作業・機械作業の併用
工事の工程の順序 （解体工事のみ）	□上の工程における⑤→④→③の順序 □その他（　　　　　　　　　　　　　） その他の場合の理由（　　　　　　　　　）		
工作物に用いられた建設資材の 量の見込み（解体工事のみ）※	トン		

		種類	量の見込み	発生が見込まれる部分 又は使用する部分（注）
廃棄物発生見込量	特定建設資材廃棄物の種類 ごとの量の見込み（全工事） 並びに特定建設資材が使用 される工作物の部分（新築・ 維持・修繕工事のみ）及び 特定建設資材廃棄物の発生 が見込まれる工作物の部分 （維持・修繕・解体工事のみ）	□コンクリート塊	トン	□① □② □③ □④ □⑤ □⑥
		□アスファルト・コンクリート塊	トン	□① □② □③ □④ □⑤ □⑥
		□建設発生木材	トン	□① □② □③ □④ □⑤ □⑥
（注）　①仮設　②土工　③基礎　④本体構造　⑤本体付属品　⑥その他				
備考				

※以外の事項は法第9条第2項の基準に適合するものでなければなりません。
□欄には、該当箇所に「レ」を付すこと。

公共建築改修工事標準仕様書

（機械設備工事編）

令和4年版

令和4年5月30日　第1版第1刷発行
令和4年11月25日　第1版第2刷発行
令和5年3月10日　第1版第3刷発行
令和6年2月28日　第1版第4刷発行

検印省略

定価2,420円（税込）　送料実費

監　修　国土交通省大臣官房官庁営繕部
編　集　一般財団法人　建築保全センター
発　行　〒104-0033
　　　　東京都中央区新川1-24-8
　　　　電　話　03（3553）0070
　　　　FAX　03（3553）6767
　　　　https://www.bmmc.or.jp/

この印刷物は環境にやさしい植物油
インキを使用しております。